L.-J. TRONCET & E. TAINTURIER

Le Bétail

2182

PARIS — LIBRAIRIE LAROUSSE.

Prix: 2 francs

LE BÉTAIL

LE BÉTAIL

PAR

L.-J. TRONCET et E. TAINTURIER

Le Cheval — L'Ane — Le Mulet — Le Bardot — Le Bœuf
Le Mouton — La Chèvre — Le Porc — Le Chien — Le Chat
Fonctions économiques — Races — Hygiène
Accidents et maladies subites (Symptômes et premiers soins)
Maladies contagieuses.

OUVRAGE ILLUSTRÉ DE 100 GRAVURES

PARIS
LIBRAIRIE LAROUSSE
17, rue Montparnasse, 17
Succursale : rue des Écoles, 58 (Sorbonne).

Tous droits réservés

PRÉFACE

Les animaux domestiques sont des auxiliaires que l'homme a su attacher à sa demeure et plier à son service. Il doit donc — au seul point de vue de ses intérêts matériels — leur donner tous les soins qui les rendent propres à l'exercice de leurs fonctions. Il est utile, par conséquent, qu'il ait un ensemble de connaissances lui permettant de veiller efficacement sur leur santé et, au besoin, de leur donner les premiers soins en cas d'accident ou de maladie.

Nous avons voulu, dans ce volume, exposer les règles essentielles qu'il importe de connaître à quiconque s'occupe de la garde, de l'élevage ou de l'exploitation du bétail, et pour cela, nous nous sommes efforcé, comme il a été fait pour les ouvrages de la Bibliothèque rurale déjà publiés, de n'employer qu'un langage extrêmement simple, dépouillé de tout appareil scientifique, et que chacun puisse aisément comprendre sans études préalables sur les matières que nous traitons.

Dans la première partie, nous examinons les espèces animales exploitées par l'homme, et nous indiquons pour chacune d'elles les différentes races et leurs qualités respectives, la façon dont doit être installée leur habitation, le régime alimentaire qui leur convient, etc.

Dans la seconde partie, nous étudions les accidents et les maladies du bétail. Nous ne prétendons pas fournir au propriétaire tous les moyens de soigner lui-même ses animaux sans le secours de l'homme de l'art; mais nous lui indiquons la marche à suivre pour atténuer le mal, sinon le guérir, et éviter des complications en attendant la visite du vétérinaire.

En appendice nous passons en revue les maladies contagieuses qui font le plus de victimes; nous donnons les règles d'hygiène à observer dès que les fléaux que nous signalons frappent le bétail.

Par les mesures que nous recommandons, on entravera sans doute la propagation des épidémies, seul but à atteindre en présence de ces affections presque toujours mortelles.

Pour traiter toutes les questions, parfois si délicates, qui entrent dans notre cadre, nous nous sommes assuré la collaboration d'un spécialiste éclairé, M. Ernest Tainturier, médecin-vétérinaire, qui nous a prêté le double concours de sa science médicale et de son expérience professionnelle, et qui a contribué pour une large part à la réalisation de cet ouvrage.

Nous avons en outre consulté les écrits de plusieurs auteurs qui se sont occupés des mêmes questions ; nous citerons parmi ceux-ci : G. Barrier, C. Baillet, Ad. Bénion, H. Bouley, R. Bissauge, Ch. Daremberg, Friedberger, Fröhner, V. Galtier, A. Goubaux, Kaufmann, Ch. Lamy, F. Lecoq, P. Mégnin, J. Mignon, Raige-Delorme, L. Rélier, A. Rodet, A. Sanson.

Nous présentons ainsi aux lecteurs de la Bibliothèque rurale, sinon un ouvrage complètement nouveau, du moins un livre éminemment pratique, dont l'exactitude doit être le mérite principal.

L.-J. TRONCET.

LE BÉTAIL

PREMIÈRE PARTIE

LES ANIMAUX DOMESTIQUES

I. — LE CHEVAL.

Le cheval appartient à la classe des *mammifères* et à l'ordre des *solipèdes*, animaux ainsi nommés parce qu'ils n'ont qu'un doigt et qu'un sabot à chaque pied.

Fonctions économiques.

On entend par fonctions économiques chacun des genres de service que l'homme peut tirer des animaux qui lui sont soumis.

Le cheval, utilisé en raison de sa force musculaire, est essentiellement un moteur. Comme machine agricole, son rôle est des plus importants, puisque, sauf dans les pays de montagnes, c'est à lui qu'est dévolu le travail des champs, qu'il exécute d'une manière beaucoup plus expéditive que le bœuf. Son concours est également indispensable au commerce, à l'industrie, à l'armée et l'on peut dire, sans crainte d'être démenti, que la disparition subite de cet auxiliaire serait pour notre société une véritable catastrophe.

L'espèce chevaline est également apte à porter un cavalier et à traîner une charge ; de là deux modes d'emploi : la selle et le trait ; mais comme ce dernier service ne se fait pas toujours dans les mêmes conditions, il existe, en réalité, pour le cheval quatre fonctions distinctes : la *selle*, qui consiste à porter le cavalier à toutes les allures ; l'*attelage* de service ou de luxe, qui consiste à traîner aux allures vives un petit nombre de personnes ; le *trait léger* avec lourd véhicule et forte charge, traînés aux allures vives ; enfin, le *gros trait* avec véhicule et charge encore plus lourds, qui sont traînés au pas.

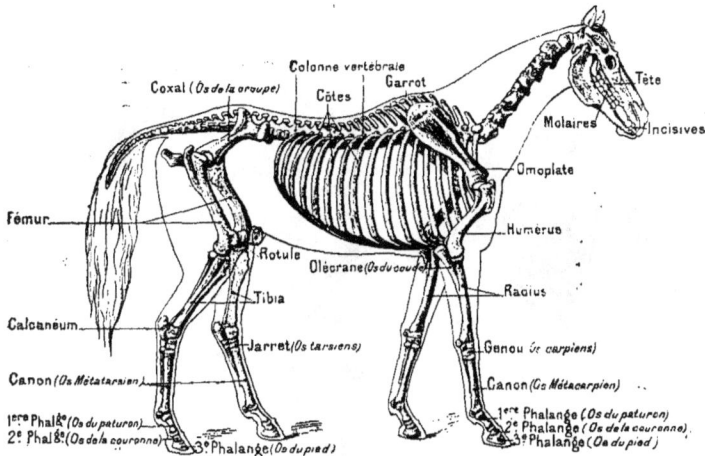

Squelette du cheval.

Tous les chevaux se prêtent, dans une certaine mesure, à ces modes d'emploi ; toutefois, il est bien évident que l'aptitude à tel ou tel service dépend de la conformation de l'animal. Il nous faut donc indiquer les caractères propres à chaque fonction, en accordant une mention spéciale aux chevaux de course et aux chevaux de guerre, et en faisant connaître les principaux centres de production se rapportant à chaque catégorie.

Cheval de selle. — Le cheval de selle doit joindre l'élégance à la souplesse ; ses attributs sont : une tête fine, une encolure droite et légère, un garrot bien détaché, une épaule longue, oblique et musclée, un rein court, une ligne du dos bien soutenue, des aplombs irréprochables.

Les chevaux de selle, dont le type est le cheval arabe, se recrutent en Normandie, en Auvergne, aux environs de Tarbes, dans le Limousin, en Algérie et aussi, pour le service de luxe, dans le Wurtemberg, en Irlande, etc.

Cheval d'attelage. — Le cheval d'attelage sera choisi avec une tête légère, une encolure longue et souple, un garrot bien sorti,

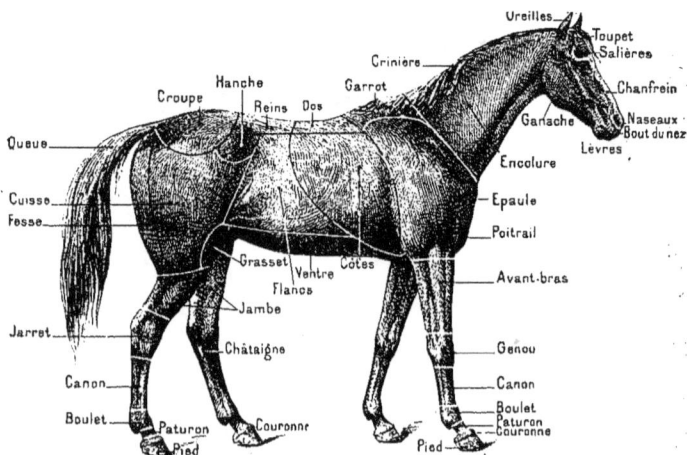

Régions extérieures du cheval.

une épaule oblique, une côte ronde, un flanc court, une ligne de dessus suivie et une croupe horizontale. Il sera plus grand et plus étoffé que le cheval de selle.

Les chevaux de cette catégorie se trouvent en Angleterre, en Normandie et notamment dans la plaine de Caen, en Hollande, dans le Hanovre et le Mecklembourg.

Cheval de trait léger. — Le cheval de trait léger se distinguera du cheval d'attelage par sa corpulence, les lignes plus arrondies de toutes les régions et aussi par le volume de ses membres, l'abondance des crins et l'épaisseur de la peau.

Les chevaux de trait léger n'ont pas de centres de production spéciaux ; les régions qui en fournissent le plus sont le Perche, la Bretagne, la Normandie, les Ardennes, la Franche-Comté, la Champagne et le Nivernais.

Cheval de gros trait. — Le cheval de gros trait présentera des masses musculaires énormes, des reins larges et courts qui lui permettent de résister aux secousses violentes qu'il aura à

Cheval arabe.

supporter comme limonier, une encolure forte, un poitrail volumineux et ouvert, des membres et des articulations en rapport avec le volume du corps et surtout des jarrets bien conformés pour soutenir les efforts de tirage ou les mouvements de recul.

Les chevaux de gros trait se recrutent dans les Flandres, le Perche, la Beauce, le Poitou, la Bretagne, les Ardennes et les environs de Boulogne.

Chevaux de course. — Les chevaux de course se distinguent en *chevaux de course plate*, en *chevaux de steeple-chase* et en *trotteurs de course*.

Cheval de course plate. — Ainsi que l'indique son nom, le cheval de course plate opère toujours sur l'hippodrome au galop rapide, c'est-à-dire sur un terrain à peu près plat et ne présentant jamais d'obstacles à franchir.

Le cheval de course plate est toujours de pur sang. Son prix peut osciller entre 1 000 et 3 000 francs. Dans l'appréciation de sa valeur, on tient surtout compte des qualités de ses ascendants.

A partir de deux ans, dès que le poulain s'est montré sur l'hip-

Cheval de Tarbes.

podrome, sa valeur augmente en raison du nombre et de la nature des succès qu'il a remportés. Il peut valoir alors comme étalon 10 000, 30 000, 50 000, 100 000 et même 300 000 francs quand sa conformation ne laisse rien à désirer.

Cheval de steeple-chase. — On donne ce nom au coureur qui ne prend part qu'aux courses d'obstacles dans lesquelles des haies, des murs, des fossés, etc., doivent être franchis pour atteindre le but.

Le cheval de steeple-chase est presque toujours de pur sang. Son prix, aussi variable que celui du cheval de course plate, est toujours moins élevé; il peut aller de 1 000 à 50 000 et même 60 000 francs.

Trotteurs. — Après les courses au galop dont nous venons de parler, viennent les courses au trot *attelé* ou *monté*, en vue des-

quelles on produit des chevaux particuliers. Les *trotteurs d'attelage* courent sur l'hippodrome attelés à des véhicules spéciaux
extrêmement légers appelés *sulkys* ou *droschkys*.

Poney.

Le sulky se compose d'un siège pour une seule personne, d'une
paire de grandes roues très légères, de l'essieu et des deux bran-
cards; son poids moyen ne dépasse pas 25 kilogrammes.

Cheval anglo-normand.

Le droschky, surtout réservé pour les courses de poneys, est
à quatre roues. Il rappelle le sulky par sa construction et sa
légèreté.

En Amérique, et notamment aux États-Unis, on se sert d'un droschky un peu modifié connu sous le nom de *buggy* et appelé chez nous *araignée* ou *mort subite*.

Cheval anglais.

Le prix des chevaux hongres et des juments de cette catégorie peut aller de 3 000 à 15 000 francs ; celui des étalons atteint parfois 30 000 francs.

Cheval percheron.

Les pays renommés pour leurs trotteurs d'attelage sont les États-Unis, l'Angleterre, la Russie et la France (Normandie et département des Ardennes).

Les *trotteurs de selle*, comme les chevaux de course plate, n'ont jamais d'obstacles à franchir sur la piste. Presque tous viennent de Normandie ou d'Angleterre.

Le prix de ces chevaux varie de 2 000 à 10 000 francs et même 12 000 francs pour les chevaux et les juments; il va jusqu'à 25 000 francs pour les étalons de quatre ans.

Chevaux de guerre. — Les chevaux appelés à former le recrutement de l'armée se divisent en trois catégories, savoir :

Cheval boulonnais.

les chevaux de *carrière*, employés dans les écoles d'équitation de l'armée; les chevaux de *tête*, réservés pour la remonte du corps d'officiers; enfin, les chevaux de *troupe* composant la masse principale de notre cavalerie.

Les chevaux de tête et les chevaux de troupe sont, en outre, classés d'après l'arme à laquelle ils conviennent dans l'une des catégories suivantes :

Cavalerie de réserve (cuirassiers)...... $1^m,54$ et au-dessus.
Cavalerie de ligne (dragons)........... $1^m,50$ à $1^m,54$.
Cavalerie légère (chasseurs et hussards). $1^m,47$ à $1^m,50$.
Artillerie (selle) .... $1^m,48$ à $1^m,54$.
Artillerie (trait léger).............. $1^m,46$ à $1^m,54$.
Train (gros trait) .... $1^m,46$ et au-dessus.

Les chevaux de cuirassiers sont pour la plupart des anglo-normands; il en est de même pour les chevaux de dragons, tandis que les chevaux de cavalerie légère se recrutent dans toute la France méridionale, surtout aux environs de Tarbes, dans le Limousin, en Auvergne, et que l'artillerie et le train se remontent en Bretagne, dans les Ardennes, le Poitou, la Gironde, la Franche-Comté et la Champagne.

Allures.

On désigne sous le nom d'allures les mouvements exécutés par le cheval pour se transporter d'un lieu dans un autre.

Les allures ont été classés en *naturelles* et *acquises*. Les premières : le *pas*, le *trot* et le *galop* sont marchées instinctivement sans que l'animal ait reçu la moindre éducation ; les secondes, que nous citerons simplement pour mémoire : l'*amble*, le *pas relevé* et le *galop de course* résultent d'un dressage particulier. Toutefois il convient de ne pas attacher trop d'importance à ces distinctions, certains chevaux marchant spontanément l'amble et le pas relevé.

Le pas est l'allure la plus lente, la seule qui soit habituellement marchée par le cheval de gros trait; sa vitesse moyenne est de 6 kilomètres à l'heure.

Le trot, allure par excellence des chevaux utilisés pour le service du trait léger et de la selle, a une vitesse de 12 à 13 kilomètres à l'heure, mais ces indications ne doivent pas être regardées comme absolues, l'espace parcouru au trot dans un temps donné pouvant varier selon certaines conditions.

Le galop présente deux variétés : le *galop de chasse* et le *galop de course*, ce dernier classé, comme nous venons de le voir, parmi les allures acquises.

Le galop de chasse est utilisé pour le service de la selle, au manège, dans les chasses, les charges de cavalerie, etc. Sa vitesse est d'environ 300 mètres par minute.

Le galop de course, uniquement employé sur l'hippodrome, est d'une vitesse excessive : certains chevaux ont pu franchir jusqu'à 2 000 mètres en 2 minutes 20 secondes, mais il est bien évident que cette allure ne saurait être soutenue au delà de quelques minutes.

Age.

Les seuls indices sûrs pour reconnaître l'âge du cheval sont donnés par les dents incisives, ainsi appelées à cause de leur usage [1].

Au nombre de six à chaque mâchoire où elles forment un arc de cercle plus ou moins régulier, ces dents ont reçu des noms particuliers : on appelle *pinces* les deux du milieu ; *mitoyennes* celles qui touchent aux pinces, *coins* celles qui terminent l'arc de cercle.

Chez les herbivores, ce sont surtout les incisives inférieures que l'on consulte pour la détermination de l'âge.

On distingue, dans chaque incisive, une partie libre appelée *couronne* et une partie enchâssée dans l'alvéole qui est la *racine*.

La couronne, déprimée d'avant en arrière, présente une face antérieure, une face postérieure, un bord interne, un bord externe et une partie terminale nommée *surface de frottement* ou *table dentaire*.

Dans la dent vierge cette table est représentée par une cavité profonde, teintée en noir, que l'on nomme *cornet dentaire* ou *germe de fève*. Ce n'est que lorsque la dent a commencé à s'user qu'il existe une véritable surface de frottement. Celle-ci conserve jusqu'à un certain âge le cul-de-sac ou cornet, dont la largeur et la profondeur vont en diminuant jusqu'à la disparition complète de cette cavité, ce qui constitue le *rasement*.

Le poulain naît presque toujours sans aucune incisive apparente, mais ces dents ne tardent pas à se montrer, et, du sixième au douzième jour, les pinces sortent par leur bord antérieur, le bord postérieur n'arrivant au niveau qu'au bout d'un mois environ. A la même époque, les mitoyennes commencent à apparaître et le poulain reste assez longtemps avec huit incisives seulement. Les coins varient beaucoup quant à l'époque de leur éruption, qui a lieu du sixième au dixième mois.

De *dix mois* à *un an*, rasement des pinces et des mitoyennes de lait.

---

1. Du latin *incidere*, couper.

Vers *dix-huit mois*, rasement des coins de lait.

Trois ans. Les pinces de lait seulement sont tombées et remplacées par les dents de cheval [1].

Quatre ans. Il ne reste plus de la première dentition que les coins de lait ; toutes les autres dents sont remplacées.

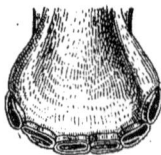

Dix-huit mois.

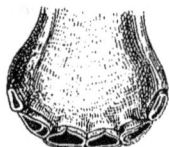

Trois ans.

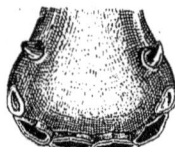

Quatre ans.

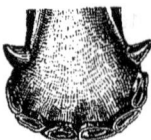

Six ans.

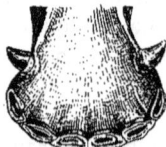

Sept ans.

Huit ans.

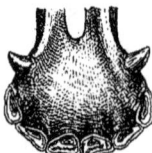

Dix ans.

Onze ans.

Dix-neuf ans.

Cinq ans. Les coins de lait viennent de tomber et sont remplacés par des coins de cheval ; le rasement des pinces et des mitoyennes commence à s'effectuer.

Six ans. Le coin de cheval a frotté, mais par son bord antérieur seulement ; le rasement des pinces et des mitoyennes est plus avancé.

---

1. Nom donné aux dents d'adulte ou dents de remplacement.

Sept ans. Le frottement s'est opéré sur les deux bords du coin ; les pinces et les mitoyennes sont rasées. A sept ans commence aussi la *queue d'hirondelle,* sorte d'encoche que l'usure imprime au coin supérieur.

Huit ans. Toutes les dents sont rasées, mais le fond du cornet dentaire apparaît largement encore et toujours noir.

Plus tard les dents continuent à s'user et la table dentaire se déforme peu à peu.

Robes.

Le mot robe est ici synonyme de pelage. Il désigne l'ensemble des poils et des crins qui revêtent la surface du corps, aussi dit-on indifféremment d'un cheval qu'il a telle robe, tel poil, ou qu'il est sous tel poil.

Les poils qui forment les robes présentent peu de couleurs différentes ; c'est surtout le mélange des diverses nuances qui produit la multiplicité des robes de nos animaux domestiques.

Robe noire. — Inutile de définir cette robe. C'est la plus sombre de toutes. Les variétés sont au nombre de trois, savoir :

1° Le *noir franc* ou *ordinaire,* obscur, mat, sans aucun reflet ;

2° Le *noir mal teint,* terne, roussâtre au soleil et tirant sur le brun ;

3° Le *noir jais* ou *jaïet* ainsi nommé à cause de son analogie d'aspect avec les bijoux de jais.

Robe blanche. — La robe blanche, qui est connue de tout le monde, offre les variétés suivantes :

1° Le *blanc mat,* sans reflets, opaque, d'aspect laiteux, assez semblable à la nuance du pigeon blanc ;

2° Le *blanc porcelaine,* à reflet bleuâtre ;

3° Le *blanc sale,* d'un ton légèrement jaunâtre.

Robe souris. — La robe souris est généralement constituée par la réunion de deux couleurs distinctes ; le corps est revêtu de poils d'un gris cendré analogues comme teinte à ceux de la souris ; quant aux membres, ils sont noirs depuis le genou et le jarret.

Le souris est *clair*, *ordinaire* ou *foncé*.

L'animal qui porte cette robe a souvent la tête plus sombre que le reste du corps ; il peut présenter la raie-de-mulet ; quelquefois les membres sont de même couleur que le tronc.

Robe isabelle [1]. — La robe isabelle est caractérisée par des poils de deux couleurs : ceux du corps sont jaunes ou jaunâtres, ceux des membres, depuis le genou et le jarret, sont noirs, ainsi que les crins.

Selon sa nuance on la dit *claire*, *ordinaire* ou *foncée*.

Robe baie. — On appelle bai tout cheval dont les poils présentent une des nuances du rouge, tandis que les crins et les membres sont noirs. Les variétés du bai sont les suivantes :

1° Le *bai clair* ou *fauve*, dont la teinte rouge est très claire et tire un peu sur le jaunâtre ;

2° Le *bai ordinaire*, qui est de couleur franchement rouge ;

3° Le *bai cerise*, se rapprochant de la couleur de la cerise ;

4° Le *bai châtain*, d'un brun clair ;

5° Le *bai marron*, qui reproduit assez bien la teinte du marron d'Inde.

6° Le *bai foncé*, de couleur sombre tirant sur le brun ;

7° Le *bai brun*, qui se rapproche du noir.

Robe grise. — La robe grise est formée d'un mélange de poils noirs et de poils blancs. Les variétés en sont très nombreuses :

---

1. La reine de Castille, Isabelle, épouse de Ferdinand, soutenait un siège contre les Maures, dans une des villes de son royaume. Elle fit, afin d'encourager les assiégés, le vœu assez original de ne pas changer de linge tant que le siège ne serait pas levé, et les dames de sa suite s'empressèrent de l'imiter. Le siège dura neuf mois et ce ne fut qu'au bout de ce temps que ces dames purent changer de linge. Les chemises qu'elles quittaient furent appendues en grande pompe, en ex-voto, dans une des chapelles de la Vierge. Elles avaient contracté, comme de raison, cette teinte fauve que prend le linge trop longtemps porté, teinte qui se retrouve sur la robe de certains chevaux. — Le même vœu est aussi attribué à Isabelle d'Autriche assiégeant Ostende.

1° Le *gris très clair*, qui se rapproche du blanc ;

2° Le *gris clair*, dans lequel les poils blancs prédominent ;

3° Le *gris ordinaire*, qui présente un mélange à peu près égal de blanc et de noir ;

4° Le *gris foncé*, caractérisé par la prédominance des poils noirs ;

5° Le *gris ardoisé*, qui rappelle la couleur bleu sombre de l'ardoise ;

6° Le *gris de fer*, très foncé, offrant la nuance bleuâtre du fer fraîchement cassé ;

7° Le *gris sale*, d'une teinte jaunâtre très claire.

Robe aubère. — La robe *aubère* ou *aubert*, vulgairement appelée *pécharde*, est formée par des poils rouges et blancs mélangés. Les crins et les membres sont de même couleur que le fond de la robe ; souvent aussi ils sont plus clairs.

On distingue plusieurs espèces d'aubère :

1° L'*aubère ordinaire*, dans lequel le mélange des deux poils est à peu près égal ;

2° L'*aubère clair*, présentant plus de blanc que de rouge ;

3° L'*aubère foncé*, qui se trouve dans les conditions opposées.

Lorsque le mélange des deux sortes de poils n'est pas uniforme, l'aubère reçoit des dénominations particulières : ainsi, il est dit *mille-fleurs* quand les poils blancs sont rassemblés par petits bouquets disséminés sur le fond de la robe ; on l'appelle *fleur de pêcher*, dans le cas où ce sont des bouquets de poils rouges ou rosés qui parsèment le fond plus clair de la robe.

Robe rouanne. — On désigne sous le nom de *rouanne* une robe composée de trois sortes de poils : des rouges, des blancs et des noirs ; les rouges et les blancs mélangés sur le corps, les noirs formant les crins et recouvrant les membres.

Le rouan offre plusieurs variétés, on le dit :

1° *Rouan clair*, lorsque c'est le poil blanc qui domine ;

2° *Rouan ordinaire*, lorsque le rouge et le blanc sont à peu près uniformément mélangés ;

3° *Rouan vineux* ou *sanguin*, quand c'est le poil rouge qui domine ;

4° *Rouan foncé*, lorsque le poil noir est en excès.

Robe louvet. — Le louvet ressemble au pelage du loup ; cette robe est formée par un mélange de poils noirs et de poils jaunes. Parfois les deux nuances sont réunies sur le même poil dont la base est jaune et l'extrémité noire.

Le louvet peut être *clair*, *ordinaire* ou *foncé*.

Robe pie. — La robe pie n'est pas autre chose que l'union de la robe blanche avec l'une ou l'autre de celles que nous avons décrites.

Rigoureusement, le vrai pie ne devrait comporter que le blanc et le noir, comme le plumage de l'oiseau auquel il emprunte son nom ; mais l'usage a établi que la robe noire pouvait être remplacée par une autre. De plus, on est convenu de placer en première ligne le nom de la couleur qui l'emporte en surface. C'est ainsi qu'on dit *bai pie*, *rouan pie*, lorsque le bai et le rouan sont plus étendus que le blanc, et *pie bai*, *pie rouan* dans le cas contraire.

Particularités des robes. — Outre le genre de la robe et sa variété, il est nécessaire d'indiquer, dans un signalement, certaines marques particulières sans lesquelles il serait souvent impossible de distinguer des sujets dont les robes présentent exactement la même nuance. Ces signes divers, très variables par leur situation, leur forme, leur étendue et leur composition, ont reçu le nom de particularités des robes.

Au point de vue où nous sommes placés, l'étude complète de ces particularités offre peu d'intérêt et nous entraînerait trop loin, aussi nous bornerons-nous à indiquer celles qui se rencontrent le plus communément et que toute personne touchant au cheval, de près ou de loin, doit connaître.

Les particularités des robes sont ou *générales* (celles qui siègent indifféremment sur les diverses régions de l'animal) ou *spéciales* (celles qui se remarquent toujours sur la même région, qu'il s'agisse de la tête, du corps ou des membres).

Particularités générales. — Dans les robes dont les poils blancs ne font pas essentiellement partie, lorsque la surface du corps n'en présente sur aucun point, l'animal est dit *zain*. Exemple : *noir franc zain, bai cerise zain.*

On dit le cheval *rubican*, lorsque des poils blancs sont disséminés sur une partie ou sur la totalité de la surface du corps, en quantité trop petite pour changer la robe. Exemple : *bai brun rubican, alezan foncé fortement rubican.*

Les *pommelures* sont des taches de la forme et du diamètre d'une pièce de cinq francs, ordinairement plus claires, quelquefois plus foncées que le fond de la robe, et qui sont particulières aux chevaux gris. Exemple : *gris foncé pommelé, gris pommelé sur la croupe et les côtes.*

Les *miroitures* sont des taches analogues aux précédentes, plus claires ou plus foncées que le fond de la robe, mais toujours de même couleur, qui s'observent sur les chevaux bais, alezans, isabelle, souris et louvet. Exemple : *isabelle foncé légèrement miroité; bai miroité sur les joues et l'encolure.*

Le blanc et les nuances claires du gris sont *mouchetés* lorsque la robe est parsemée de taches noires de très petites dimensions. Exemple : *gris clair légèrement moucheté; gris clair fortement moucheté sur la croupe.*

On dit la robe *truitée*, lorsque les mouchetures sont de couleur rouge au lieu d'être noires.

Toute partie de la peau qui n'offre plus sa coloration normale est dite *ladre*. Dans ces endroits, la peau se montre d'une couleur pâle ou rosée qui tranche fortement avec les points noirs environnants.

On rencontre le plus souvent ces taches au pourtour et à l'intérieur des ouvertures naturelles (bouche, naseaux, yeux, fourreau, anus).

Particularités spéciales à la tête. — On désigne sous le nom de *pelotes* et d'*étoiles* des marques blanches plus ou moins étendues existant sur le front. Les pelotes sont à peu près rondes, tandis que les étoiles présentent des angles.

Les *listes* sont des bandes blanches qui se trouvent sur le chanfrein.

Particularités spéciales au corps. — La *raie-de-mulet* est une bande foncée qui s'étend sur la colonne vertébrale depuis le garrot jusqu'à la naissance de la queue.

On désigne sous le nom de *bande cruciale* une bande analogue
à la raie-de-mulet, mais croisée d'une seconde ligne descendant
du garrot sur chaque épaule.

Particularités spéciales aux membres. — On appelle *balzanes* les
taches blanches circulaires qui terminent souvent les membres et
les entourent d'une ceinture plus ou moins large.

Tares du cheval.

Appréciation du cheval par la robe. — De tout temps on a
cherché à baser le choix des chevaux sur les caractères de la
robe, en rattachant à telle ou telle nuance, à telle ou telle parti-
cularité, des vices ou des qualités dont on a voulu faire l'apanage
d'une robe, sans tenir compte des faits qui contredisent cette manière de voir.

Les préjugés des anciens concernant les bonnes et les mauvaises marques ne supportent donc pas l'examen et doivent être
relégués au même plan que toutes les croyances nées de l'igno-
rance ou de la superstition.

Tares.

On désigne sous le nom de tare toute cause de dépréciation superficielle et apparente.

Les tares diminuent plus ou moins la valeur de l'animal qui les porte, aussi est-il indispensable de les connaître et de distinguer les régions sur lesquelles elles se développent. Un coup d'œil jeté sur le tableau de la page précédente en apprendra autant que la meilleure description.

Hygiène.

Écurie. — L'écurie est le bâtiment destiné à loger les chevaux ; elle doit mettre ceux-ci à l'abri de l'humidité, du froid et d'une chaleur trop élevée. Il faut qu'ils y respirent un air pur, en quantité suffisante, et que chacun d'eux puisse s'y reposer et prendre sa ration sans avoir à craindre les attaques de ses voisins.

Vue extérieure et coupe tranversale d'une barbacane.

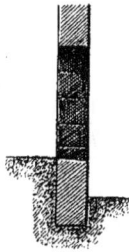

Coupe longitudinale d'une barbacane.

Emplacement. — Afin d'éviter l'humidité, on construira toujours l'écurie sur un terrain sec, au niveau du sol ou même un peu au-dessus, et on l'éloignera autant que possible des mares et des cours d'eau.

Orientation. — La meilleure orientation des ouvertures est celle de l'est et de l'ouest, parce qu'elle favorise le maintien d'une température moyenne, tandis que la double orientation du nord et du midi présente l'inconvénient d'être trop froide en hiver et trop chaude en été.

Aération. — L'aération est obtenue par des fenêtres pratiquées de préférence derrière les animaux, dans la partie la plus élevée du bâtiment.

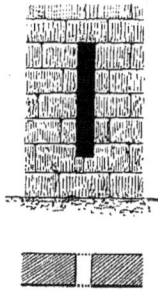

La ventilation peut encore être assurée par des *barbacanes* et des *cheminées d'appel.*

On appelle barbacanes de petites ouvertures longues et étroites pratiquées à une faible distance du sol et pourvues d'une fermeture à coulisse.

Les cheminées d'appel représentent des espèces d'entonnoirs renversés, construits en bois et partant du plafond de l'écurie pour se terminer au-dessus du toit à la manière des cheminées de nos habitations.

Sous l'action combinée de ces deux systèmes, l'air chaud et altéré s'échappe par la cheminée d'appel qui l'aspire en raison de sa forme, tandis que l'air extérieur s'introduit par les barbacanes pour en prendre la place. Il s'établit alors un courant incessant qui s'oppose à la viciation de l'atmosphère.

Comme preuve de l'importance de l'aération, nous dirons qu'un

Cheminée d'appel en A.

cheval dépense par heure 5 mètres cubes d'air pour les besoins de sa respiration et que le même cheval ne pourrait vivre au delà d'une heure dans une atmosphère de 30 mètres cubes où l'air ne serait pas renouvelé. La ventilation doit donc être réglée de manière que par heure et par cheval 30 mètres cubes au moins de l'atmosphère de l'écurie soient renouvelés. Au-dessous de ce chiffre la respiration ne peut s'effectuer dans des conditions normales, et si les animaux ainsi traités conservent les apparences de la santé, il n'en est pas moins certain que leur existence se trouve abrégée.

Sol. — Le sol de l'écurie doit être uni, ferme, imperméable et présenter une légère pente d'avant en arrière. Les moellons avec joints en ciment et les briques sur champ forment le meilleur pavage et doivent être préférés tant à l'argile et à la terre battue, qui se laissent trop facilement infiltrer, qu'à l'asphalte et aux pavés en bois qui sont glissants. Quant à la déclivité dont le but est d'assurer l'écoulement des liquides, elle ne doit pas dépasser 15 mil-

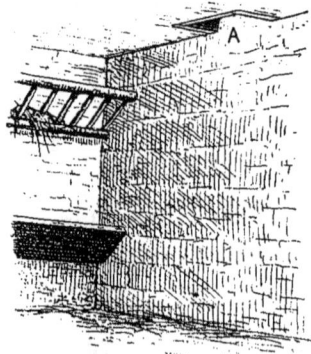

limètres par mètre : plus forte elle fatigue les animaux, entraîne des défauts d'aplomb et peut même provoquer l'avortement chez les juments.

Dans tous les cas, une rigole doit être ménagée derrière les chevaux pour recevoir l'urine et la conduire dans la fosse à purin.

Plafond. — L'écurie peut se trouver séparée du grenier à foin par des perches ou des planches mal jointes ; dans ces conditions

Coupe de l'écurie.

le fourrage reçoit des émanations qui l'altèrent et le rendent nuisible ; d'autre part, de la poussière et des graines de foin tombent constamment sur les animaux dont ils irritent la peau et salissent les aliments. Il est donc indispensable que l'écurie soit pourvue d'un plafond. La hauteur, sous ce plafond, devrait être d'au moins 4 mètres, mais cette condition se trouve rarement réalisée.

Arrangement intérieur. — Les écuries sont dites *simples* ou *doubles* suivant qu'elles renferment une seule ou deux rangées de chevaux ; dans le premier cas, il doit exister derrière les animaux, afin d'assurer le service, un couloir de 2 mètres de largeur.

Dans les écuries doubles, les chevaux peuvent être placés croupe à croupe ou tête à tête. La première disposition est avantageuse en ce sens qu'elle facilite le service et rend la surveillance plus efficace ; alors l'espace qui sépare les deux rangées doit mesurer 2^m,50, tandis que chacun des couloirs qui existent entre le mur et la croupe des chevaux de chaque rang, dans la disposition inverse, doit avoir au minimum, 1^m,75.

Ameublement. — L'ameublement de l'écurie est constitué par les *mangeoires* et les *râteliers*.

Les mangeoires doivent être fixées à une hauteur variant avec la taille des chevaux. Pour les animaux de taille moyenne, le bord supérieur doit se trouver à peu près à 1^m,20 du sol.

Le mieux est de séparer les mangeoires en autant de compartiments qu'il y a d'animaux ; alors on doit donner la préférence aux auges en pierre ou en fonte émaillée qui sont solides, faciles à nettoyer et qui ne portent pas les chevaux à tiquer.

Les râteliers, en bois ou en fonte, doivent être montés presque droits, contrairement à l'habitude généralement prise de les incliner fortement sur la tête des chevaux. Il ne faut pas qu'ils consistent en une simple échelle fixée au mur par un côté, car il doit y avoir en bas un certain espace entre le mur et le râtelier. Les chevaux alors prennent le fourrage sans fatigue, la poussière et les débris de fourrage ne leur tombent pas dans les yeux ni dans la crinière.

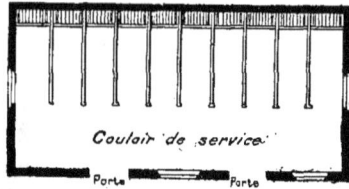

Plan d'une écurie simple ou à un seul rang.

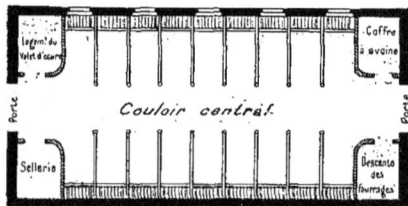

Plan d'une écurie double avec couloir au milieu.

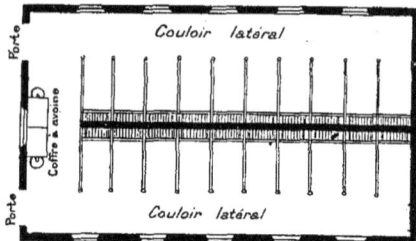

Plan d'une écurie double avec couloirs latéraux.

Suivant la taille des animaux le râtelier peut être élevé de 0ᵐ,20 à 0ᵐ,35 au-dessus du bord supérieur de la mangeoire.

Systèmes d'attache. — Il y a plusieurs manières d'attacher les chevaux à l'écurie. Le plus souvent c'est dans un anneau fixé à la mangeoire que glisse la longe servant à maintenir l'animal ; d'autres fois, on se contente de passer cette longe dans un trou pratiqué près du bord supérieur de la mangeoire. De ces deux modes

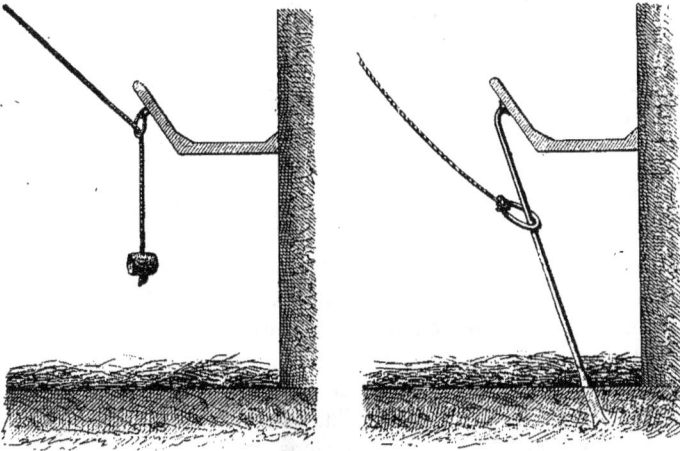

Systèmes d'attache du cheval.

d'attache c'est le premier qui est le moins défectueux, toutefois ils exposent l'un et l'autre le cheval à des prises de longe, quand ils ne l'empêchent pas de reposer la tête sur la litière lorsqu'il est couché. Le meilleur système est une chaîne glissant le long d'une barre fixée d'une part à la mangeoire et scellée au sol par son autre extrémité.

Modes de séparation. — Avant de faire connaître les différents modes de séparation, *bat-flancs*, *stalles* et *box*, nous devons examiner s'ils sont toujours nécessaires et dans quelles conditions on doit y avoir recours.

Pour les chevaux qui travaillent ensemble, et par conséquent sont habitués l'un à l'autre, on peut très bien se passer de séparations dont le moindre inconvénient est de prendre une partie de l'espace attribué à chaque animal. Au contraire, lorsque le personnel ou les chevaux d'une écurie se renouvellent souvent, ce qui se produit dans l'armée, les grandes administrations et aussi chez les marchands, il est nécessaire de séparer les animaux; la même mesure doit être prise dans les écuries qui admettent des juments et des chevaux entiers.

Les bat-flancs sont des madriers de dimensions variables dont l'extrémité antérieure est fixée à la mangeoire, tandis que la postérieure est suspendue au plafond au moyen d'une corde ou d'une chaîne. On doit pouvoir décrocher facilement le *bat-flancs* s'il arrive qu'un animal se mette à cheval dessus; on obtient ce résultat à l'aide d'une *sauterelle*, sorte de crochet retenu à la suspension par un anneau qu'il suffit de relever pour faire tomber le madrier.

Les stalles, limitées par des panneaux fixes, plus hauts en avant qu'en arrière, ne doivent pas être élevées au point d'empêcher les chevaux de se voir, ce qui pourrait exercer une influence fâcheuse sur leur caractère. Il ne faut pas non plus qu'elles soient trop courtes, les animaux en reculant pouvant se frapper avec les pieds de derrière.

Les boxes sont des stalles de dimensions variables, closes de toutes parts et ayant une porte sur l'un des côtés; elles conviennent surtout aux poulinières et aux étalons, qui y trouvent la tranquillité et le repos dont ils ont besoin.

L'espace qu'on doit accorder à chaque cheval ne peut être moindre de 1^m,50 entre deux bat-flancs, de 1^m,75 en stalle et de 4 mètres carrés en box.

Portes et fenêtres. — Les portes des écuries doivent être hautes et larges en vue d'éviter des accidents. Il convient de ne pas les placer en regard d'une autre ouverture, ce qui établit des courants d'air toujours préjudiciables à la santé des animaux.

Quant aux fenêtres, dont le nombre doit être en rapport avec les dimensions de l'écurie, leur but est de laisser pénétrer la lumière et d'assurer la ventilation. Elles doivent, comme nous l'avons vu, être percées le plus près possible du plafond et représenter un rectangle de 1^m,50 de large sur 1 mètre de haut. Le mieux est de les établir sur un châssis en fer vitré s'ouvrant en dedans et de haut en bas, au moyen d'une corde ou d'une chaîne passant sur une poulie. Cette disposition permet de mesurer l'entrée et la sortie de l'air suivant les nécessités de l'aération et de la température, en dirigeant toujours le courant vers le plafond. De plus en été l'on peut, en laissant tomber le châssis contre le mur, remplacer extérieurement les fenêtres par des stores ou des paillassons qui laissent pénétrer l'air, mais assombrissent l'écurie de manière à écarter les mouches.

Fenêtre d'écurie.

Le défaut des fenêtres trop spacieuses est de donner une lumière trop vive qui empêche les chevaux de reposer, incommodés qu'ils sont par le soleil et par les mouches. Par contre, une écurie obscure rend les animaux ombrageux et difficiles à conduire.

Entretien de l'écurie. — L'écurie doit être tenue dans le plus grand état de propreté ; il est bon que la litière soit toujours sèche et que le fumier ne séjourne sous les animaux que le temps nécessaire à sa bonne composition, c'est-à-dire jusqu'à ce qu'il ait acquis ses propriétés fertilisantes comme engrais. On évitera surtout d'y installer le poulailler, ainsi que cela se voit trop fréquemment dans les campagnes. Les poux des volailles, qui vivent également sur la peau du cheval, déterminent en effet une maladie cutanée accompagnée de démangeaisons très vives qui lui enlèvent tout repos et le font beaucoup souffrir.

Les animaux malades, lors même qu'ils ne sont pas atteints d'une affection contagieuse, doivent autant que possible être isolés ; mais quand il s'agit d'une maladie susceptible de se transmettre, l'éloignement des malades ne suffit plus ; il doit être suivi de la désinfection de la place qu'ils ont occupée, et même, dans quelques cas, de celle du local tout entier, les conditions dans lesquelles cette opération doit être conduite variant avec la nature du mal qu'on est appelé à combattre.

Alimentation. — On donne le nom d'aliment à toute matière qui, introduite dans le tube digestif, peut entrer dans la composition du sang et servir à la nutrition.

La première condition que doit remplir une substance alimentaire est d'être soluble dans les sucs de l'estomac, sans quoi elle est rejetée telle qu'elle a été avalée. C'est ainsi que la corne, la partie ligneuse des végétaux et les résines, qui traversent l'appareil digestif sans être altérées, ne sont pas des aliments.

On distingue trois sortes d'aliments : 1° les *aliments proprement dits;* 2° les *boissons;* 3° les *condiments.*

Le rôle des boissons est de réparer les pertes liquides du sang, tandis que les condiments ont pour but de relever la saveur des aliments, de stimuler l'appétit et de favoriser la digestion.

Les condiments employés le plus souvent sont le vinaigre et le sel marin.

Préparation des aliments. — Les diverses préparations auxquelles sont soumis les aliments tendent à en augmenter l'effet nutritif et à faciliter le travail de la digestion. Les fourrages grossiers et les racines gagnent à être coupés en petits morceaux. Les grains sont souvent concassés ou moulus; enfin, toutes ces substances peuvent être traitées par l'eau chaude ou par la vapeur, afin de rendre leurs principes plus solubles.

Pendant les premiers mois qui suivent sa naissance, le cheval se nourrit exclusivement du lait de sa mère [1]; mais après le sevrage, il a un régime entièrement végétal.

Foin. — On donne le nom de foin à l'herbe coupée et séchée des prairies naturelles.

Composé de plantes diverses, dont chacune possède des propriétés particulières, le foin est un aliment complet, suffisant pour l'entretien du cheval soumis à un travail léger; toutefois, sa valeur nutritive n'est pas absolue, puisqu'elle dépend de sa composition botanique, laquelle varie elle-même avec la constitution physique du sol; ainsi, le foin des prairies marécageuses est composé en grande partie de plantes médiocres ou vénéneuses, tandis que celui des coteaux est le meilleur, et que l'herbe des prés, à une certaine altitude, renferme moins de bonnes espèces.

Il existe une différence notable entre les foins du Nord et ceux du Midi. Les premiers sont pâles, grossiers, sans odeur et peu

---

1. Le lait est un aliment complet parce qu'il peut assurer à lui seul la nutrition.

nutritifs; les seconds, au contraire, sont fins, très odorants, d'une saveur agréable et communiquent beaucoup d'énergie aux chevaux qui s'en nourrissent.

Comme qualité, les foins de l'Est, de l'Ouest et du Centre tiennent le milieu entre ceux du Nord et ceux du Midi.

Quelle que soit sa provenance, le foin est mal composé quand il est formé de plantes nuisibles telles que les renoncules, le colchique, la grande chélidoine, la ciguë, l'ivraie enivrante, la belladone, etc., ou bien de plantes pauvres en principes nutritifs, comme les genêts, les ronces, les chardons, la fougère, les joncs, etc.

Indépendamment de la composition botanique du foin, deux choses sont susceptibles d'influer sur sa valeur alimentaire, ce sont : 1° les conditions dans lesquelles il a été récolté; 2° son état de conservation.

Les qualités du foin se jugent par sa couleur, son odeur, sa consistance, son poids et sa saveur.

La couleur du foin doit être vert tendre [1]. Récolté trop tôt — avant la floraison — ou trop tard — alors que les graines ont remplacé les sommités fleuries — le foin est pâle, décoloré, sans odeur ni saveur bien marquées et toujours de qualité inférieure.

L'action de la pluie sur les herbes déjà sèches et l'étiolement causé par la croissance des plantes dans des lieux ombragés ont également pour résultat d'altérer la couleur du foin et de lui faire perdre une partie de ses principes nutritifs. Dans ces deux cas, il est bon de saler le fourrage avant de le faire entrer dans la consommation.

En vieillissant, le foin perd son arome et sa saveur, devient cassant et finit par se réduire en poussière à la moindre manipulation.

L'odeur du foin doit être aromatique et peu pénétrante, ce qui indique à la fois qu'il est bien composé et a été coupé en temps opportun.

Sous le rapport de la consistance, les tiges fourragères doivent

---

1. Il ne faudrait pas prendre pour du foin altéré le foin brun obtenu par un procédé spécial de dessiccation et qui est, au contraire, très recherché des chevaux.

être souples et élastiques, si elles ont été coupées au moment favorable et si la fenaison s'est bien effectuée.

Le poids du foin de bonne qualité est toujours supérieur à celui du foin vieux et passé.

Enfin, la saveur du fourrage doit être douce et légèrement sucrée; une saveur âcre indique qu'il renferme de mauvaises plantes ou qu'il a subi quelque altération.

Altérations du foin. — Le *foin vasé* est celui qui a séjourné dans l'eau soit avant d'être coupé, soit pendant la fenaison. Ce foin est pâle, sec, poussiéreux, mélangé de débris organiques en putréfaction, peu nutritif et d'une digestion difficile. Il provoque de la toux et peut déterminer des maladies graves; on ne doit l'utiliser qu'en cas de nécessité absolue, après l'avoir secoué puis arrosé d'eau salée.

Le *foin rouillé* présente autour de ses tiges de petits points d'un brun foncé, dus à la présence de champignons qui se développent pendant la vie des plantes. Cette maladie se montre surtout pendant les années pluvieuses, sur les herbes des prairies humides et ombragées. Le sel ne corrige pas les effets de la rouille et l'usage prolongé de ce fourrage est dangereux pour la santé des chevaux.

Le *foin moisi* est envahi, après sa récolte, par un champignon microscopique qui prend naissance à la faveur de l'humidité. Cette altération se traduit par une teinte d'abord blanche puis noirâtre; sous son influence, le fourrage acquiert une odeur âcre caractéristique et une saveur nauséabonde, il perd en outre la plus grande partie de sa valeur nutritive et constitue un véritable poison [1].

Si la moisissure est peu avancée, on en atténue les effets par le battage et l'addition d'une certaine quantité de sel; mais si elle est poussée trop loin, il est non seulement dangereux de distribuer un tel fourrage, mais même de l'employer comme litière : il n'est plus propre qu'à faire du fumier.

Mis en meule ou rentré au fenil, le foin doit être préservé de la pluie, de l'humidité, des émanations des animaux et des vapeurs du fumier.

---

1. Il en est de même pour tous les aliments envahis par le champignon de la moisissure.

Deux mois après sa récolte, le foin a jeté son feu et peut entrer sans danger dans l'alimentation, tandis que, distribué plus tôt, il est susceptible d'occasionner des accidents sérieux.

Le foin perd de sa valeur à mesure que l'on s'éloigne du moment de sa récolte; après dix-huit mois ou deux ans ses qualités sont à peu près nulles.

Les gaz de l'écurie peuvent imprégner le foin et le rendre fétide, ce qui le fait refuser par les animaux.

Le fourrage renferme quelquefois des plumes, des toiles d'araignée et des excréments de rat. Dans ces conditions il peut être délaissé par le cheval, mais n'occasionne pas de maladies, ainsi qu'on le croit généralement.

Regain. — On donne ce nom à l'herbe de deuxième ou de troisième coupe que l'on récolte à l'automne. Le regain est difficile à faner et s'échauffe fréquemment en tas; il constitue une mauvaise nourriture pour les chevaux qu'il amollit au lieu de leur donner de la vigueur. Pour assurer la conservation de ce fourrage, il est nécessaire, en le rentrant au fenil, d'interposer dans sa masse et par couches, de la paille qui absorbe son humidité.

Luzerne. — La luzerne, comme les autres fourrages que nous allons étudier, appartient à la famille des légumineuses. Cette plante fournit par année plusieurs coupes dont la première est la meilleure et la plus nutritive. Celle-ci se distingue des suivantes par le développement des fleurs qui va en diminuant à mesure que la saison s'avance, si bien que l'herbe de la dernière coupe en est complètement dépourvue.

La luzerne de bonne qualité a une couleur verte sans aucune tache noirâtre ou rousse; ses tiges sont souples et garnies de leurs feuilles; enfin elle dégage une odeur douce et agréable.

Très riche en eau et en matières sucrées, ce fourrage fermente aisément et se couvre de moisissures, ce qui le rend dangereux pour la santé des animaux. Plus nutritif que le foin, c'est un bon aliment pour le cheval, mais il ne saurait suffire à son entretien, et, par conséquent, ne doit pas être donné d'une manière exclusive.

De même que le foin, la luzerne ne peut entrer dans la consommation immédiatement après sa récolte sans risquer de provoquer des accidents. Cette remarque s'applique également aux autres fourrages et aux grains.

A l'état vert, la luzerne occasionne souvent des coliques que l'on prévient en la mélangeant à de la paille ou à de l'herbe de pré.

Trèfle. — Le genre trèfle renferme un grand nombre d'espèces dont les plus répandues sont le *trèfle commun* ou *trèfle rouge*, et le *trèfle incarnat*.

Il y a généralement intérêt à faire consommer le trèfle en vert à cause de la difficulté que l'on éprouve à le faner dans de bonnes conditions ; ses feuilles sont déjà sèches et brisées que ses capitules et ses tiges sont encore pleins d'humidité, de sorte que le fourrage obtenu est presque toujours grossier et peu succulent, d'une conservation difficile et très sujet à la moisissure.

Le trèfle, dont les animaux se dégoûtent vite lorsqu'on ne le leur donne pas mélangé à un autre fourrage, est un mauvais aliment pour les chevaux fins.

Sainfoin. — Le sainfoin donne un fourrage grossier, dur et difficile à préparer, mais, par contre, d'une grande valeur nutritive. Fauché trop tardivement ou soumis à un fanage prolongé, il perd la plus grande partie de ses feuilles et devient cassant. Coupé avant la floraison, il se dessèche d'une manière incomplète et ne tarde pas à fermenter et à moisir.

A l'état vert le sainfoin, recherché par les animaux en raison de sa saveur sucrée, est moins dangereux que le trèfle et la luzerne, mais comme fourrage il ne convient guère qu'aux chevaux de trait ou de labour.

Coupages. — On désigne sous ce nom un mélange de vesces et de gesces champêtres fauchées un peu avant la maturité et distribuées comme fourrage sec.

Les fourrages dont il s'agit ne sont guère utilisés en dehors des localités où les prairies sont insuffisantes et, bien qu'ils aient une valeur nutritive très grande, ils sont peu recherchés par les animaux à cause de leur grossièreté. Quoi qu'il en soit, il convient de les distribuer avec prudence, leur usage exclusif ou prolongé pouvant déterminer des accidents très graves, tels que congestions intestinales et apoplexies.

La gesce connue sous le nom de *jarousse* est particulièrement dangereuse. On ne doit jamais perdre de vue que cette espèce — qu'il s'agisse du fourrage ou de la graine — peut provoquer le *cornage*[1] chez les chevaux qui s'en nourrissent.

Au point de vue hygiénique il faut donc, autant que possible, s'abstenir d'utiliser ce fourrage.

Pailles. — Les pailles sont les tiges desséchées des céréales : blé, avoine, orge et seigle.

Considérée d'une manière absolue, chacune de ces pailles est d'autant meilleure qu'elle est plus fine et plus pourvue de moelle à l'intérieur de ses chaumes.

La paille de bonne qualité est luisante, souple, d'une odeur agréable, d'une saveur légèrement sucrée et revêt une belle couleur jaune doré. On doit la choisir propre, les herbes qu'elle renferme étant le plus souvent moisies.

La paille de blé, la plus recommandable pour le cheval, est un bon aliment supplémentaire.

Recherchée par la plupart des animaux, la paille d'avoine est plus nutritive que la paille de blé ; son unique inconvénient est de déterminer un peu de diarrhée après le repas.

La paille d'orge, peu recherchée à cause de sa dureté, ne convient pas au cheval, qu'elle expose à des indigestions souvent très graves.

Quant à la paille de seigle, plus dure encore et difficilement digérée, elle n'entre qu'exceptionnellement dans la ration.

Aliment médiocre par lui-même, la paille présente l'avantage d'exciter l'estomac et de favoriser la digestion des grains avec lesquels on la distribue ; de plus, elle prévient la météorisation par son mélange avec le trèfle ou la luzerne.

La paille peut être *vasée*, *rouillée*, ou *moisie*. Cette dernière altération doit la faire rejeter même pour la litière.

Avoine. — D'une grande valeur nutritive, l'avoine renferme dans son enveloppe un principe excitant qui en fait le premier aliment du cheval. Tous les essais tentés jusqu'ici dans le but de remplacer cette substance ont échoué.

Par la culture, l'avoine a produit plusieurs variétés que l'on divise, selon leur degré de rusticité, en *avoines d'hiver* et *avoines*

---

1. On appelle ainsi un trouble de la respiration susceptible d'entraîner la mort par asphyxie et dans lequel les chevaux font entendre un sifflement plus ou moins prononcé après le moindre exercice.

d'été, et que l'on distingue d'après la nuance de leur grain en blanche, noire, grise, jaune et rousse.

L'avoine de bonne qualité a une odeur agréable et une saveur rappelant celle de la noisette; ses grains, d'égale grosseur, sont lisses, brillants, glissent facilement à la main et se laissent couper nettement entre les dents.

L'avoine est susceptible d'occasionner des indigestions chez les chevaux soumis à un travail pénible après de copieux repas; aussi est-il indiqué de fractionner autant que possible la ration.

L'état sous lequel on doit distribuer ce grain n'est pas indifférent. Entier et cru, il produit le maximum de ses effets excitants et convient aux animaux de travail. Au contraire, il est avantageux de le concasser pour les poulains et les vieux chevaux, de même qu'on le fait cuire ou gonfler pour les juments poulinières et les animaux que l'on veut engraisser.

L'avoine peut être *échauffée* ou *moisie;* dans ces deux cas, elle exhale une odeur désagréable et peut déterminer des coliques et de la diarrhée chez les animaux qui s'en nourrissent.

Outre son grain, l'avoine peut fournir un fourrage vert de bonne qualité.

Froment. — Le froment doit être donné de préférence aux étalons et aux femelles destinées à la reproduction. Les chevaux l'écrasent moins bien que l'avoine; aussi, pour éviter des indigestions, convient-il de le mélanger à de la paille hachée qui facilite sa mastication. On peut encore faire prendre ce grain cuit, concassé ou macéré, mais il est peu favorable aux animaux de travail qu'il rend mous.

Dans tous les cas le froment ne doit entrer dans la ration journalière que pour une faible part, si l'on veut éviter la fourbure ou le vertige.

Orge. — On distingue deux sortes d'orge : l'*orge d'hiver* et l'*orge de printemps*.

Dans notre pays, ce grain entre rarement dans la ration; en Algérie, au contraire, il remplace l'avoine dont il paraît posséder toutes les qualités.

L'orge est peu digestible et ne convient guère au cheval qu'elle engraisse sans lui communiquer d'énergie. Les animaux qui n'y sont pas habitués l'écrasent moins complètement que l'avoine;

alors il devient nécessaire de la faire ramollir dans l'eau quelques heures avant de la distribuer. On peut aussi la donner en mélange avec d'autres grains ou des fourrages hachés et la faire cuire, macérer ou écraser pour les jeunes poulains.

Les accidents que l'orge peut produire sont les coliques, les congestions et la fourbure.

Exposée aux mêmes altérations que l'avoine, l'orge est de bonne qualité lorsque son grain, de couleur blanc jaunâtre, est gros, renflé, lisse, d'une odeur agréable et d'une saveur légèrement amère.

Délayée dans l'eau, la farine d'orge rafraîchit les animaux et convient surtout aux malades et aux convalescents.

Seigle. — Le seigle est consommé par les animaux dans les mêmes conditions que l'orge, mais il convient peu aux chevaux de travail et doit être réservé pour les sujets que l'on se propose d'engraisser.

Susceptible de provoquer des indigestions et de la fourbure, cet aliment sera toujours donné en petite quantité et de préférence cuit ou macéré.

Quel que soit l'état sous lequel il entre dans la ration, le seigle relâche les organes digestifs et peut — s'il est ergoté [1] — déterminer un empoisonnement.

Dans quelques localités, cette céréale est cultivée comme plante fourragère, seule ou mélangée à une légumineuse. Fauchée avant le développement des épis, elle fournit alors un fourrage abondant et de bonne qualité.

Maïs. — En Amérique, les chevaux et les mulets reçoivent du maïs et s'en trouvent très bien, ce qui tendrait à prouver que ce grain peut entrer avantageusement dans leur alimentation ; toutefois, il convient d'être prudent dans son emploi et de ne le donner qu'en faible quantité.

Féveroles. — Très riches en principes nutritifs et en phosphates, les féveroles sont surtout favorables aux jeunes animaux dont

---

1. L'ergot est une maladie qui attaque principalement le seigle et dans laquelle, à la place du grain, se développe une production particulière rappelant par sa forme l'ergot du coq, d'où son nom. Cet ergot qui peut avoir de 1 à 3 centimètres de longueur, est d'un brun noirâtre ou violacé.

elles hâtent le développement, mais elles peuvent entrer également dans la ration des chevaux adultes.

En général, on les distribue concassées et mêlées à de la paille ou à du foin haché, mais toujours à petites doses, afin d'éviter des accidents et notamment des congestions.

Sarrasin. — Le sarrasin, appelé aussi *blé noir*, possède une très grande valeur alimentaire.

En Bretagne, sa graine est donnée aux chevaux, soit seule, soit en mélange avec l'avoine qu'elle est susceptible de remplacer en partie.

Son. — Le son est l'enveloppe des grains des céréales. Le meilleur que l'on puisse donner au cheval est celui du froment.

Que le son soit pris sec, simplement humecté ou délayé dans l'eau de manière à former des barbotages plus ou moins épais, il est bon de ne pas le distribuer en trop grande quantité si l'on veut éviter des indigestions ou même, si l'usage de cet aliment est habituel, la formation, dans le gros intestin, de calculs qui finissent toujours par entraîner la mort.

Le son relâche les organes digestifs et, pour cette raison, ne doit pas être donné aux chevaux qui travaillent à des allures vives, si ce n'est pour les rafraîchir.

La qualité du son est en rapport avec la quantité de farine qu'il contient.

Carottes, betteraves, panais. — Aliment sain, nourrissant et rafraîchissant, les carottes conviennent surtout aux animaux qui font un service pénible; toutefois, ce serait une erreur de croire qu'elles peuvent remplacer l'avoine dont elles ne possèdent pas les propriétés.

Comme tous les aliments aqueux, les carottes ont pour inconvénient d'augmenter la sécrétion de la sueur.

Les betteraves et les panais, que l'on distribue dans le Nord et dans l'Ouest, possèdent à peu près les mêmes qualités que les carottes; mais les animaux ne les mangent pas avec autant de plaisir.

Graine de lin. — Cette graine peut être donnée dans l'avoine à la dose d'une poignée; son usage est indiqué pour rafraîchir les chevaux fatigués et combattre les effets d'une alimentation trop échauffante.

Masch. — On appelle masch le mélange de différentes substances qui, traitées par l'eau bouillante, fournissent une nourriture appétissante et très substantielle.

Le masch est donné de préférence aux animaux soumis à un travail pénible et aux convalescents. La composition d'une ration moyenne est la suivante :

Avoine......................	2 litres.
Graine de lin................	Une demi-poignée.
Sel de cuisine...............	15 grammes.
Foin haché..................	1/2 litre.
Paille hachée................	1/2 litre.
Son ou farine d'orge	1/2 litre.

Après avoir mis par couches dans un seau toutes ces matières, on verse de l'eau bouillante de manière à les baigner, puis on couvre afin d'empêcher l'évaporation. Cinq ou six heures de macération suffisent à la préparation; il ne reste plus alors qu'à brasser le mélange et à le distribuer.

Pain. — En temps ordinaire le pain est rarement donné aux animaux ; mais, lorsque les fourrages ont manqué, il peut être avantageux d'y avoir recours; alors on fabrique avec des farines d'orge, de seigle, d'avoine, de féveroles, du son et même de la paille hachée, un pain susceptible d'entrer sans inconvénient dans la ration des chevaux à titre de supplément.

Chiendent. — Lavées soigneusement et mélangées au foin, les racines ou rhizomes du chiendent sont très bien acceptées par le cheval, et les animaux ainsi nourris se montrent très vigoureux. Il serait donc à désirer que des expériences fussent instituées dans le but de déterminer la valeur nutritive de cet aliment.

Caroube. — La caroube, ou fruit du caroubier, est un aliment que l'on ne doit point dédaigner. Les chevaux, qui s'y habituent facilement, s'en trouvent très bien. On doit faire macérer les gousses avant de les distribuer.

Vert. — On désigne sous ce nom la nourriture fournie tant par les plantes des prairies naturelles ou artificielles, que par les céréales coupées avant le développement complet des tiges. Les expressions : *donner le vert, mettre au vert, soumettre au régime du vert* signifient que les animaux vont être nourris de plantes vertes.

C'est ordinairement dans le mois de mai qu'a lieu la mise au vert, mais tous les animaux ne se trouvent pas également disposés à suivre ce régime.

Les effets du vert se traduisent par un peu de diarrhée se montrant du quatrième au cinquième jour, pour disparaître vers le huitième ou le dixième, après quoi tout rentre dans l'ordre.

Les sujets qui, par suite de maladies ou de fatigues, ont perdu de leur embonpoint habituel et ceux qui sont atteints de maladies de peau, en éprouvent ordinairement d'heureux effets.

Quoi qu'il en soit, on devra supprimer le vert à tout animal chez lequel une diarrhée persistante viendrait à se produire.

Le vert peut être donné en liberté, à l'écurie ou au piquet. Dans tous les cas, il est nécessaire de maintenir au cheval sa ration d'avoine.

Les animaux qui prennent le vert en liberté doivent pouvoir s'abreuver à volonté, et n'être conduits dans la prairie qu'après la rosée et lorsqu'ils ont mangé un peu de fourrage sec.

Pour ceux qui le prennent à l'écurie, la transition du sec au vert aura lieu d'une manière progressive ; ainsi, on commencera par supprimer un quart de la ration de foin qui se trouvera remplacé par un équivalent d'herbe, un second quart le lendemain et ainsi de suite, si bien que le quatrième jour le régime sera complet. On agira de même, mais en sens inverse, pour faire retour au régime sec.

Le vert doit être coupé quelques heures avant la distribution, et conservé à l'abri du soleil et de la pluie.

La ration varie selon la taille des sujets, entre 45 et 50 kilogrammes, qui sont distribués par petites quantités et assez fréquemment.

Les animaux soumis au régime du vert ne doivent fournir aucun travail. Quant à la durée de ce régime, elle peut être de vingt à trente jours.

Composition des rations. — On entend par ration la quantité de nourriture nécessaire à un animal dans vingt-quatre heures.

Théoriquement, on divise la ration en deux parties : la *ration d'entretien*, répondant aux besoins de l'animal qui ne fournit pas de travail, c'est-à-dire celle dont il devrait se contenter à l'état de liberté, et la *ration de production*, indispensable à la réparation des forces qu'il dépense à notre service.

On a calculé que la quantité de nourriture nécessaire au cheval dans les vingt-quatre heures est, en matières sèches, de 2,5 à 3 pour 100 du poids vif. C'est là une donnée qui peut servir de base à l'établissement de la ration, mais qui n'a rien d'absolu, le tâtonnement seul, par lequel on arrive à apprécier l'aptitude individuelle, permettant de fixer cette ration d'une manière positive.

Quant au volume de la ration, il est en rapport avec la capacité de l'estomac, laquelle est de 15 à 20 litres chez le cheval. Ce volume doit être tel que l'estomac puisse être entièrement rempli à chaque repas; on l'augmente au besoin à l'aide d'aliments grossiers et peu nutritifs par eux-mêmes, qui forment le lest nécessaire au bon fonctionnement des organes digestifs. La paille est une des matières qui remplissent le mieux cet office.

Par sa composition variée, le foin de pré constitue le meilleur élément d'entretien, et si les légumineuses (trèfle, sainfoin et luzerne) peuvent aussi le représenter, elles ne sauraient, dans aucun cas, remplacer cet aliment d'une manière continue.

Quant à la ration de production, il est incontestable que l'avoine est, par excellence, l'aliment du cheval de service, et ne peut être suppléée par aucune autre substance.

Le foin et l'avoine forment donc la base de la ration complète du cheval, et en y ajoutant, par exemple, de la paille, du son ou des carottes suivant la saison, nous aurons une ration type dont la somme et la proportion des éléments constituants devront être déterminées dans chaque cas particulier.

Nous donnons ci-dessous, à titre d'indication, quelques exemples de rations se rapportant à chacun des genres de service.

CHEVAUX DE CAVALERIE :

Foin..................... 5 kilog. »
Paille..................... 3 — »
Avoine .... 4 — 800

La ration dont il s'agit est celle des chevaux de la garde de Paris. Il serait avantageux d'y ajouter du son ou des carottes, suivant l'époque de l'année, sauf à retrancher un peu de foin.

Chevaux de trait léger :

Foin	4 kilog.	"	
Paille	5 —	"	
Avoine	8 —	500	
Son	1 —	"	

Foin	4 kilog.	"	
Paille	4 —	"	
Avoine	8 —	"	
Carottes	2 —	"	

Foin	3 kilog.	500	
Paille	4 —	"	
Avoine	7 —	500	
Sarrasin	0 —	500	
Orge, son ou féveroles	0 —	300	

Chevaux de gros trait :

Foin [1]	7 kilog.	500	
Avoine	9 —	"	
Son	1 —	"	

2ᵏ,500 de foin de cette ration seraient avantageusement remplacés par 5 kilogr. de paille.

Distribution de la nourriture. — Pour le cheval, le nombre des repas et le mode de distribution de la nourriture dépendent nécessairement du service auquel cet animal est employé.

En principe, il vaut mieux donner la nourriture peu à la fois et souvent que de donner beaucoup à la fois et à de longs intervalles. Les chevaux qui travaillent pendant la plus grande partie de la journée font ordinairement trois repas par jour : le matin, à midi et le soir.

On peut distribuer à chacun de ces repas, d'abord une partie de la ration d'avoine, puis le foin, enfin le reste d'avoine quand les animaux ont bu, mais habituellement l'avoine est donnée en une seule fois. En été, par les fortes chaleurs, il est bon de présenter un peu d'eau avant les repas de l'après-midi et du soir, afin de

---

1. Si un fourrage artificiel devait remplacer le foin dans la ration, il conviendrait de réduire la quantité d'un dixième.

calmer la soif trop vive qui empêcherait les chevaux de manger.

Le son, les carottes et autres aliments supplémentaires sont donnés de préférence à midi, et la paille qui entre dans la ration est distribuée au repas du soir. Ce dernier peut être plus copieux, par cette raison que les animaux, n'étant plus dérangés, mangent paisiblement. Quelques chevaux craintifs, et irritables surtout, ne prennent bien leur nourriture que la nuit, quand aucun bruit ne vient les inquiéter. Chez tous, la digestion s'effectue dans de meilleures conditions que dans la journée, ce qui tendrait à expliquer ce proverbe arabe : « L'orge du soir passe dans la croupe, l'orge du matin passe dans le crottin. » Quoi qu'il en soit, il est bien évident que c'est avec le repas du soir que marchent les chevaux le lendemain matin, et non avec ce qu'ils reçoivent avant leur départ, la ration étant à peine digérée.

Pour que les animaux se trouvent dans de bonnes conditions hygiéniques, il faut qu'il y ait au moins quatre heures d'intervalle entre les repas. Si les distributions sont trop espacées, les sujets laissés à l'écurie contractent des tics, s'impatientent, se battent et mangent gloutonnement leur ration, ce qui rend la digestion plus pénible. Au contraire, lorsque les repas se succèdent à de trop courts intervalles, l'estomac peut se trouver surchargé, et alors les coliques sont à redouter.

Il n'est pas hygiénique de mettre au travail, surtout aux allures vives, un cheval qui vient de prendre son repas. Non seulement l'animal ainsi traité s'essouffle très vite, l'estomac rempli d'aliments pressant sur les poumons, mais il est encore exposé à contracter des coliques ou autres accidents graves. Pour les mêmes raisons, il faut éviter de surcharger de boisson un cheval sur le point de travailler.

Le cheval qui rentre fatigué ou en sueur doit attendre son repas environ une demi-heure, pendant laquelle on le laisse souffler.

Boissons. — L'unique boisson des animaux est l'eau, mais celle-ci ne se trouve pas toujours telle qu'elle puisse entrer sans inconvénients dans l'alimentation.

L'eau de bonne qualité est limpide, sans odeur ni saveur particulière ; elle cuit bien les légumes et dissout complètement le savon. En outre elle doit être suffisamment aérée et offrir une température convenable. Prise dans cet état, l'eau calme la soif et favorise la digestion en divisant les aliments et en facilitant leur dissolution.

L'eau trop froide occasionne des troubles de la digestion, provoque des coliques et peut même entraîner l'avortement chez les poulinières. En hiver, on évite ces accidents soit en faisant boire cette eau immédiatement après l'avoir puisée, soit en la déposant à l'avance dans un lieu chaud, l'intérieur de l'écurie, par exemple.

En été, il suffit de la laisser durant quelques heures exposée au soleil.

L'eau à une température trop élevée présente l'inconvénient de retarder la digestion ou de déterminer la diarrhée. On y remédie en la rafraîchissant par le séjour dans un lieu frais et en l'additionnant d'un peu de sel ou de vinaigre.

L'eau des ruisseaux, des rivières ou des fleuves ne peut être convenablement utilisée qu'à la condition de séjourner pendant un certain temps dans un réservoir, où elle s'aère tout en déposant son excédent de matières minérales.

L'eau croupissante des mares est susceptible de provoquer des inflammations intestinales ; quant à celle qui provient de la fonte des neiges, elle est froide, peu aérée et ne devra servir de boisson qu'après avoir été battue ou transvasée et lorsque sa température aura été portée au degré convenable.

Les eaux de puits et de citerne sont les meilleures, toutefois la qualité des premières varie suivant la nature du terrain dans lequel le puits a été creusé et aussi selon les matières qui peuvent y être entraînées par l'infiltration. Dans tous les cas, l'eau dont il s'agit est toujours insuffisamment aérée, un peu crue, et il est bon de l'exposer à l'air pendant un certain temps, l'été au soleil, l'hiver dans un lieu chaud.

Distribution des boissons. — Il serait à désirer que les animaux eussent toujours à leur disposition de l'eau pendant leur repas, de façon à pouvoir s'abreuver à volonté ; malheureusement cela est irréalisable, au moins en ce qui concerne les grands animaux. Les sujets qui pourraient ainsi calmer leur soif dès qu'elle se manifeste mangeraient mieux et tireraient de leur nourriture le plus grand profit.

L'expérience a démontré que le cheval perd en vingt-quatre heures, par les urines et les exhalaisons de la peau et du poumon, environ 30 kilogrammes d'eau. La quantité de liquide nécessaire à cet animal est donc de 30 litres qui doivent être fournis tant par les boissons que par les aliments plus ou moins aqueux composant la ration.

L'eau doit être répartie entre les repas et plus ou moins fractionnée suivant les circonstances. Prise en trop grande quantité, elle trouble la digestion et provoque des sueurs. Par contre, l'animal qui souffre de la soif ne tarde pas à maigrir.

Que les chevaux boivent dans des seaux ou qu'ils soient conduits au dehors, il importe de ne les abreuver ni à jeun, ni après le repas. Dans le premier cas, ils peuvent contracter des coliques ou de la diarrhée; dans le second, une partie de la ration d'avoine, entraînée hors de l'estomac, est perdue pour la nutrition. C'est après avoir pris leur ration de foin que les chevaux doivent recevoir leur boisson. Quelques animaux éprouvent le besoin de boire à leur rentrée du travail : alors il faut avoir soin de ne leur laisser prendre qu'une faible quantité d'eau, tout en les empêchant de l'ingérer d'un seul trait.

Condiments. — On appelle condiments certaines substances qu'on ajoute aux aliments dans le but d'en relever la saveur et d'en favoriser la digestion.

Chez nos animaux domestiques, on ne fait guère usage que du vinaigre et du sel marin. Cette dernière substance, en raison de ses propriétés particulières, joue le plus grand rôle dans l'alimentation.

Le sel est recherché par tous les animaux, mais tous n'éprouvent pas au même degré le besoin d'en absorber, aussi est-il bon de les laisser fixer eux-mêmes la dose qui leur convient, en plaçant dans les mangeoires des briques de sel gemme qu'ils lèchent à volonté.

Le sel corrige les altérations des fourrages en arrêtant la fermentation commencée, mais il n'exerce aucune action sur les propriétés nuisibles qu'ils ont acquises lorsque cette fermentation a été poussée trop loin. Au contraire, dans ce cas il masque la saveur des fourrages avariés et les fait accepter par les animaux, ce qui est plutôt un inconvénient qu'un avantage. C'est donc surtout en vue de prévenir une altération qu'on doit avoir recours au sel. Dans ce cas on l'ajoute au foin dans la proportion de 10 à 20 pour 1 000 et on le répand, soit à l'état solide, soit en dissolution dans l'eau, sur le fourrage étendu en couches peu épaisses, de manière que toutes les parties de celui-ci s'en trouvent imprégnées.

Fortement arrosés d'eau salée, les fourrages verts tels que le trèfle et la luzerne, ne météorisent point, le sel mettant obstacle à la fermentation qui se produit dans l'estomac.

La dose de sel que le cheval peut recevoir par jour est de 40 grammes; mais il serait imprudent d'en continuer l'usage au delà des besoins, car cette substance ayant sur le sang une action dissolvante, est capable de déterminer les plus grands troubles dans l'organisme.

Pansage. — Le pansage est une opération qui consiste à débarrasser la peau de la crasse et des impuretés déposées à la surface du corps.

Trop souvent considéré comme une pratique de luxe, le pansage répond à une

Couteau de chaleur.

nécessité impérieuse et contribue pour une large part au maintien de la santé du cheval, en favorisant la transpiration cutanée, en excitant l'appétit et en activant la digestion.

Les instruments de pansage les plus usités sont : l'*étrille*, la *brosse*, le *bouchon*, le *peigne*, l'*éponge*, le *couteau de chaleur* et le *cure-pieds*.

C'est l'étrille qui commence le pansage. Son rôle consiste à détacher les impuretés adhérentes à la peau ou déposées à la base des poils. On a reproché à cet instrument de déchirer ou d'irriter l'épiderme et de rendre les chevaux hargneux et méchants. Certains hygiénistes sont même allés jusqu'à le proscrire d'une manière absolue, recommandant de le remplacer par la brosse de chiendent qui, d'après eux, nettoie également bien la peau. La vérité, c'est que l'étrille veut être maniée légèrement et avec précaution, surtout sur les parties osseuses ; qu'elle est supportée avec peine par les chevaux nerveux et irritables pour lesquels il pourra être avantageux d'avoir recours à la brosse de chiendent; mais il faut reconnaître aussi que son mode d'action est unique et qu'aucun

instrument de pansage ne saurait remplir son office quand il s'agit de nettoyer à fond des animaux dont le poil est long et épais.

Après l'étrille on fait agir la brosse de chiendent, puis le bouchon de paille fortement serré, à l'aide duquel on exerce sur tout le corps, mais particulièrement sur les membres, un massage dont l'effet est des plus salutaires.

Vient ensuite l'époussette qui sert à chasser la poussière laissée par la brosse dans les poils; il reste alors à lisser ceux-ci avec la brosse en crin passée dans le sens de leur direction. La crinière et la queue sont peignées; enfin on termine en lavant le bord supérieur de l'encolure, la naissance de la queue, les ouvertures naturelles et les sabots. Ces derniers soins de propreté sont très importants; le lavage de la crinière et de la queue surtout évite les démangeaisons dont ces parties sont si souvent le siège et, pour cette raison, ne doit pas être négligé.

Le couteau de chaleur consiste en une lame mousse en bois ou en métal qu'on passe sur le corps dans le sens du poil, afin d'en exprimer l'eau ou la sueur. Ainsi séché, le cheval évite des refroidissements dont les suites sont toujours à redouter.

Comme l'indique son nom, le cure-pieds est une tige de fer à l'aide de laquelle on dégage du creux de la sole ou de dessous le fer du cheval, le fumier, les pierres ou la terre qui peuvent s'y trouver accumulés. En agissant ainsi on évite l'échauffement de la fourchette chez les animaux qui séjournent à l'écurie, de même qu'on prévient les compressions douloureuses résultant de la présence de la terre battue et durcie sous les pieds des chevaux de labour.

Au point de vue hygiénique, le moment du pansage est indifférent et dépend des exigences du service, mais cette opération doit être effectuée au moins une fois par jour.

Tondage. — Le tondage est une pratique qui consiste à couper les poils à la surface du corps.

Cette opération a pour but de débarrasser les animaux du poil épais et touffu dont ils sont recouverts à partir de l'automne et qui, en formant un revêtement trop chaud susceptible de s'imprégner facilement de sueur et de retenir la pluie, les expose à des refroidissements d'où proviennent souvent des maladies graves et quelquefois mortelles.

De prime abord, le tondage peut paraître en opposition avec les moyens employés par la nature pour préserver les animaux du froid pendant la saison d'hiver ; mais si les chevaux à l'état de liberté ont besoin de leur fourrure pour lutter contre les basses températures, il n'en est pas de même des chevaux domestiques tenus renfermés dans des écuries. De plus, les premiers, qui ne s'échauffent pas, redoutent moins le refroidissement que nos auxiliaires, soumis à un travail pénible, et si souvent exposés aux intempéries, le corps trempé de sueur.

Comme on le sait, l'animal privé de son poil ne transpire pas, ou du moins transpire d'une manière insensible ; il n'y a donc pas à craindre pour lui ces arrêts de transpiration qui sont presque toujours le point de départ des affections constatées pendant l'hiver chez les chevaux de service.

En outre, le tondage a pour résultat de faciliter l'entretien de la peau, d'exciter l'appétit et de fortifier la santé ; ses bons effets sont surtout remarquables chez les animaux faibles et maladifs.

L'opération dont il s'agit doit porter principalement sur les sujets faisant un service régulier, tandis que ceux qui, comme les chevaux de culture, restent en repos pendant la plus grande partie de l'hiver, peuvent facilement s'en passer.

C'est vers la fin de l'automne, avant les grands froids, que l'on doit procéder au tondage ; l'animal s'habitue alors à supporter les effets d'une température de plus en plus basse, sans qu'il en résulte pour lui le moindre inconvénient. On peut renouveler l'opération au commencement du printemps.

Dans le Midi, on tond quelques chevaux tous les trois mois, mais dans le Nord, dans les contrées froides et humides, il y aurait danger à tondre pendant la saison rigoureuse ; de même on ne doit jamais recourir à cette pratique à l'époque des mouches, si l'on veut éviter des tourments aux animaux.

Il convient de prendre certaines précautions à l'égard des chevaux nouvellement tondus : on doit les exposer le moins possible au froid, les rentrer ou les couvrir dès qu'ils ont cessé de travailler ; leur mettre une couverture à l'écurie si des froids rigoureux surviennent avant qu'ils aient pu s'habituer à la température. Avec ces quelques soins, le refroidissement passager que pourront éprouver les chevaux tondus sera toujours moins nuisible que le refroidissement prolongé subi par les chevaux au poil touffu qui ont été échauffés par le travail ou mouillés par la pluie.

Bains. — On entend par bain l'immersion plus ou moins complète du corps dans l'eau.

Les bains sont salutaires à tous les animaux; ils nettoient la surface du corps des produits de la sueur, excitent l'appétit, activent la digestion, stimulent les fonctions de la peau et contribuent à rendre l'énergie aux sujets fatigués.

Suivant que le corps tout entier ou une partie seulement est plongée dans l'eau, les bains sont *généraux* ou *locaux*.

Les bains généraux, d'une application assez fréquente pour les chevaux, ne doivent être pris que dans la saison des chaleurs. Si l'on devait y avoir recours par une température froide, il serait nécessaire de sécher complètement l'animal à sa sortie de l'eau et de le couvrir ensuite.

Dans aucun cas on ne doit baigner les animaux aussitôt après le repas ou lorsqu'ils sont en sueur, sous peine de voir se déclarer des apoplexies foudroyantes, des indigestions ou des maladies de poitrine. On se montrera également très réservé à l'égard des femelles pleines et des nourrices, qu'il est prudent de baigner le moins possible.

La durée du bain varie selon le but à atteindre : quelques minutes d'immersion suffisent, quand il s'agit de rafraîchir l'animal; un temps plus long est nécessaire lorsqu'on veut détremper les ordures dont son corps est couvert.

Les bains doivent être pris de préférence dans une rivière, un cours d'eau, mais jamais dans des mares qui reçoivent des eaux d'égout susceptibles d'irriter la peau, de provoquer des crevasses ou des maladies cutanées.

Les bains de mer, que l'on serait à même de faire prendre aux chevaux, agiraient dans le même sens que les bains d'eau douce, tout en ayant une action beaucoup plus énergique.

Les bains locaux peuvent se donner en toute saison; les membres sont les seules parties soumises à leur action.

Onctions sur le sabot. — Ces onctions ont pour effet d'entretenir la souplesse de la corne, de prévenir les seimes et le resserrement des talons, mais il importe de faire un choix judicieux d'onguent de pied et de ne jamais se servir des graisses de voiture, toujours nuisibles.

Harnachement. — Le harnachement comprend les différents appareils destinés à maintenir les chevaux à l'écurie, à les gouverner et à utiliser leur force.

Les harnais d'attache sont le *licol* et le *collier d'encolure*.

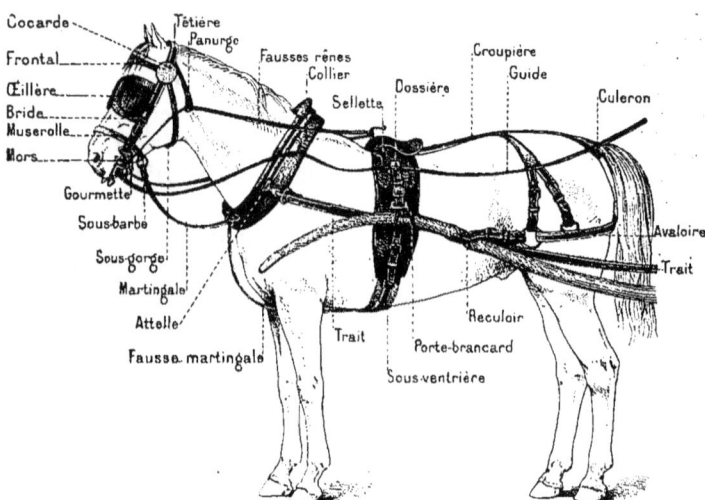

Harnachement du cheval.

Le licol, qui embrasse la tête du cheval, est préférable au collier qui entoure simplement le cou. Ce dernier appareil, pour constituer un mode d'attache solide, doit être un peu serré, et présente, dans ce cas, des chances d'accident qui peuvent aller jusqu'à l'étranglement; d'autre part, c'est un moyen de conduite insuffisant pour les sujets difficiles que l'on doit déplacer, ne fût-ce que dans l'intérieur de l'écurie.

Les harnais de travail sont la *bride*, la *selle*, la *sellette* et le *bât*, le *collier*, la *bricole*, les *traits* et l'*avaloire*.

Ces différentes pièces doivent être aussi légères que possible tout en présentant les proportions nécessaires à leur solidité et aux charges qu'elles doivent supporter; il faut qu'elles soient bien ajustées, c'est-à-dire appliquées exactement sur les parties qui les supportent, sans gêner aucun mouvement et sans déterminer aucun frottement ni pincement susceptible de produire des blessures.

La bride sert à diriger le cheval, mais la force déployée par le conducteur serait incapable de vaincre les résistances de l'animal si, de son propre mouvement et dès que l'éducation l'a mis à même de comprendre ce qu'on exige de lui, ce dernier n'obéissait aux pressions du mors. Ce qui le prouve, c'est que lorsqu'il s'emporte et ne veut plus se laisser conduire, les efforts de l'homme pour le retenir sont illusoires.

Partant de là, on doit agir sur la bouche du cheval avec la plus grande modération et choisir pour le dressage un mors doux, au lieu d'imposer aux sujets irritables des souffrances capables d'entraîner leur indocilité.

La selle, la sellette et le bât, évidés au niveau de la colonne vertébrale, ne doivent porter ni sur le garrot ni sur le dos.

Le collier doit embrasser exactement la base de l'encolure en avant des épaules, en laissant libres le garrot en haut et la trachée en bas. C'est le meilleur appareil de tirage.

La bricole consiste en une large bande de cuir maintenue en avant du poitrail par une courroie passée sur l'encolure.

La bricole ne permet pas d'utiliser toute la force de l'animal et ne convient guère qu'aux chevaux d'attelage qui tirent peu ; d'autre part, elle gêne plus ou moins les mouvements du bras et comprime la trachée ; son principal avantage réside dans sa grande légèreté.

Les traits doivent être disposés de manière à ne pas frotter le long du corps.

Quant à l'avaloire, appareil à l'aide duquel le cheval de trait

Porte-harnais.

transmet à la voiture le mouvement en arrière et s'oppose à son glissement trop rapide dans les descentes, elle doit prendre son point d'appui au niveau de la partie moyenne des fesses, c'est-à-dire à la hauteur du grasset.

Les harnais doivent toujours être propres et souples; on doit les graisser régulièrement et ne pas les déposer à l'écurie, non seulement parce qu'ils se détériorent au contact des gaz qui se dégagent du fumier, mais encore parce qu'ils répandent une odeur désagréable lorsqu'ils sont imprégnés de sueur. Un lieu sec et aéré est indispensable à leur conservation.

Ferrure. — Les conditions de la vie domestique qui obligent les chevaux à cheminer sur les routes en portant ou en traînant des fardeaux, ont rendu nécessaire, dans presque tous les cas, l'application sous le pied d'un fer destiné à garantir la corne contre l'usure. Sans la ferrure, le cheval serait incapable de remplir son office de moteur, et cela seul indique l'importance de cette pratique.

Le poulain doit être ferré dès qu'il commence à travailler, c'est-à-dire vers l'âge de deux ans et demi ou trois ans. On doit le préparer de bonne heure à cette opération, afin qu'il la supporte sans se défendre. Pour arriver à ce résultat, il est bon de lui lever souvent les pieds, soit à l'écurie, soit au pâturage et de frapper quelques coups sur les parties qui, plus tard, subiront l'application du fer. Il importe de ne pas l'effrayer à la première ferrure et d'employer la douceur; on ne doit jamais avoir recours à des moyens de contrainte ou de torture qui produiraient une influence fâcheuse sur son caractère et lui feraient craindre une opération à laquelle on devra désormais le soumettre fréquemment.

Jusque-là il peut être utile de lui parer les pieds, soit pour rectifier les aplombs ou enlever les portions de corne dérobées, soit pour éviter une déformation des sabots.

Le temps après lequel les fers sont renouvelés dépend d'une foule de circonstances. En principe, on ne doit pas laisser acquérir au sabot un excès de longueur qui nuirait à la conservation des aplombs. D'autre part, il convient de ne pas attendre, pour les remplacer, l'usure complète des fers qui ne protégeraient plus la sole et la laisseraient s'entamer.

L'épaisseur, la largeur ou la couverture des fers varient suivant le service : ainsi, les chevaux de selle ou de carrosse auront des fers légers, tandis que les chevaux de gros trait en auront de plus massifs.

Une mauvaise pratique, adoptée dans les campagnes où la ferrure est le plus souvent négligée au grand préjudice des chevaux, est celle qui consiste à faire remplacer un seul fer à la fois ; rien n'est plus propre à fausser les aplombs et il faut se rappeler qu'on doit toujours procéder au renouvellement de la ferrure en remplaçant les deux fers de devant ou les deux fers de derrière. C'est là une règle qui ne souffre pas d'exception.

Allaitement. — L'allaitement est le mode d'alimentation du nouveau-né ; il est dit *naturel* lorsque le petit sujet puise le lait aux mamelles de sa mère ; *par adoption* s'il le prend à des mamelles étrangères ; *artificiel* quand il le reçoit des mains de l'homme.

L'hygiène de l'allaitement consiste à assurer au nourrisson une alimentation capable de le maintenir en bonne santé, tout en lui assurant un développement rapide et en fatiguant le moins possible la nourrice.

Le *colostrum* ou premier lait fourni par la mère après le part est séreux, jaunâtre et légèrement purgatif pour le nouveau-né, qu'il débarrasse du *méconium*, sorte de matière poisseuse accumulée dans l'intestin et dont l'évacuation doit être effectuée le plus tôt possible. C'est donc une grave erreur de jeter ce lait au lieu de le laisser prendre au jeune animal.

La jument qui nourrit a besoin d'une alimentation abondante et substantielle, composée en proportion convenable de fourrages verts et de fourrages secs, le vert à lui seul rendant le lait trop aqueux et peu riche, tandis que les aliments secs présentent l'inconvénient de donner un lait trop concentré, d'une digestion difficile, nourrissant mal et déterminant la diarrhée.

Lorsque la poulinière a trop de lait, il est bon de la traire en partie, tant pour éviter un engorgement de ses mamelles que pour prévenir une indigestion chez le poulain.

On a recours à l'allaitement par adoption lorsque le poulain a perdu sa mère ou que celle-ci manque de lait ; alors il conviendrait de prendre une autre poulinière, mais l'on se trouve souvent obligé de s'adresser à la vache ou à la chèvre.

Laissé ordinairement avec sa mère, qu'il accompagne dans la prairie dès les premiers jours de sa naissance, le poulain doit être séparé d'une jument nourrice qui pourrait ne pas se laisser teter : alors on les réunit aux heures convenables, cinq ou six fois par jour, selon l'aptitude laitière de la femelle.

La poulinière qui allaite peut être soumise à un travail léger, n'entraînant pas des absences trop prolongées dont souffriraient également la mère et le produit.

Dans l'allaitement artificiel, on commence par habituer le poulain à sucer un linge imbibé de lait ou à prendre le biberon, puis on l'amène insensiblement à boire dans un vase.

Des trois systèmes, c'est l'allaitement naturel qui assure au produit le développement le plus rapide.

Sevrage. — Le sevrage est le passage de l'alimentation lactée au régime ordinaire du poulain.

Dans l'espèce qui nous occupe, c'est généralement vers l'âge de six mois qu'a lieu le sevrage, mais il peut s'effectuer plus tôt, si les circonstances l'exigent.

Chez les animaux vivant en liberté, le sevrage s'opère naturellement lorsque le jeune sujet se voit refuser la mamelle qui, d'ailleurs, finit par se tarir.

Dans ces conditions, les plus favorables au produit, c'est vers l'âge de neuf ou dix mois que le poulain, continuant à suivre sa mère au pâturage, cesse de teter, mais il est rare que l'on attende si tard.

L'époque fixée pour le sevrage étant arrivée, on peut ou séparer brusquement la mère de son poulain, ou retirer graduellement à celui-ci sa ration de lait. Le premier de ces systèmes, généralement adopté lorsque le sevrage porte sur un grand nombre d'individus, n'est pas toujours sans danger pour le jeune animal, qui passe ainsi sans transition d'une alimentation à l'autre ; aussi est-il préférable d'avoir recours au sevrage progressif dans lequel le poulain, isolé de sa mère une huitaine de jours avant la séparation définitive, s'habitue au nouveau régime qu'il doit suivre, la quantité de lait prise par lui diminuant chaque jour d'un repas.

Le sevrage effectué, il faut faire disparaître le lait de la mère. On arrive à ce résultat en retranchant une partie de la ration et en opérant la traite pendant une huitaine de jours, d'abord trois ou quatre fois dans la journée, puis deux fois et en dernier lieu une fois.

Quand ces moyens n'aboutissent pas, il est nécessaire de mettre la jument à la diète, de lui administrer des purgatifs et enfin d'appliquer sur les mamelles des cataplasmes de craie délayée dans du vinaigre.

Élevage. — On distingue trois modes d'élevage, qui sont : l'élevage *à l'écurie*, l'élevage *en liberté* et l'élevage *mixte*.

Dans le premier système, les chevaux sont tenus renfermés pendant la nuit et passent la plus grande partie de la journée au pacage. Ce mode d'élevage est le plus répandu, surtout en France, où la propriété est très divisée ; il nécessite des prairies et des paddocks, espèces d'enclos attenant autant que possible à l'écurie, et dans lesquels les poulains sont lâchés pendant l'hiver, lorsque l'accès des pacages leur est interdit.

L'élevage en liberté se pratique en Amérique, où les animaux vivent abandonnés à eux-mêmes, dans d'immenses terrains incultes.

L'élevage mixte consiste à laisser les animaux dans les pâturages pendant la belle saison, pour les rentrer pendant l'hiver à l'écurie. Ce procédé est en usage en Russie, et en France dans quelques régions du littoral.

Nourriture et éducation du poulain. — Lorsqu'on pratique l'élevage à l'écurie, on peut, dès le deuxième mois, distribuer de l'avoine aux poulains. D'abord très faible, la ration est augmentée progressivement, de manière à être portée à 5 ou 6 litres à l'époque du sevrage ; alors on y associe du foin, de la paille, des carottes ou des maschs, et l'on distribue ces aliments par petites portions. Dans certaines contrées, on fait également entrer des panais, des topinambours, des fèves, etc., dans l'alimentation des jeunes chevaux.

L'éducation du poulain doit être commencée de bonne heure. Il faut l'habituer au contact de la brosse, lui lever fréquemment les pieds et, dès le troisième ou le quatrième mois, lui mettre un licol, afin de pouvoir le prendre et l'amener à se laisser conduire par la longe. C'est à force de patience et de douceur que l'on arrive à se faire obéir du jeune animal; les moyens de contrainte et la violence aboutissent le plus souvent à le rendre indocile ou méchant.

Castration. — Il est souvent nécessaire, lorsqu'on ne destine pas les chevaux à la reproduction, de recourir à la castration, qui a pour but de priver l'animal de ses facultés génératrices.

La castration a pour effet de rendre les chevaux plus dociles et de leur faire tirer un plus grand profit de leur nourriture. Cette opération peut être pratiquée sur le cheval à tous les âges; mais l'époque la plus convenable est entre dix-huit et trente mois.

C'est généralement au printemps qu'on pratique la castration. L'animal qui l'a subie est dit *hongre ;* on désigne sous le nom d'*étalon* le cheval entier employé comme reproducteur.

Le choix des étalons est chose fort délicate; il faut pouvoir reconnaître les qualités d'un cheval lorsqu'il est encore jeune, afin de conserver les plus beaux types pour la reproduction. Les juments poulinières doivent être également choisies parmi les meilleurs sujets, car il importe que les générateurs soient bien conformés et réunissent toutes les qualités désirables pour que celles-ci soient transmises à leur produit.

Comme la castration réclame beaucoup de précautions et une certaine habileté pour être menée à bien, nous recommandons d'en confier l'exécution au vétérinaire.

II. — L'ANE, LE MULET, LE BARDOT.

Ane.

L'âne, comme le cheval, fait partie de l'ordre des solipèdes. Cet animal est également propre à traîner des fardeaux et à servir de monture ; mais sa fonction économique par excellence est celle de bête de somme. Il nous rend, en diminutif, les mêmes services que le cheval, tout en ayant sur celui-ci l'avantage d'être beaucoup plus sobre et plus robuste.

Ane de race commune.

Outre son travail, l'espèce qui nous occupe fournit encore son lait, recherché de tout temps par l'action favorable qu'il exerce dans les maladies de poitrine et des voies digestives.

Baudet mulassier.

Aptitudes, races. — L'âne n'a pas de spécialisation ; chaque individu peut remplir toutes les fonctions dévolues à son espèce, de sorte qu'il n'y a pas lieu de distinguer des aptitudes.

La race asine est très répandue dans les îles Baléares, en
Catalogne, en Toscane et en Afrique. Pour ce qui concerne notre
pays, le Poitou et la Gascogne sont les deux centres d'élevage les
plus importants. On se livre également dans ces contrées à la
production du mulet, industrie très rémunératrice, dans laquelle
l'âne étalon, ou *baudet*, appelé à féconder les juments, représente
une valeur moyenne de 2 000 francs; mais cette valeur peut
atteindre 10 000 et même 15 000 francs.

Mulet.

Ainsi que nous venons de le dire, le mulet est le produit de
l'accouplement de l'âne et de la jument.

Au point de vue des formes extérieures, c'est un âne plus ou moins

Mulet de bât.

grandi, unissant à toutes les qualités de ce dernier, la force, la vigueur et le courage du cheval. Sa sobriété le rend très propre à travailler dans les contrées où règnent pendant longtemps une température élevée et une grande sécheresse ; il résiste aux plus dures
fatigues et se montre peu difficile sous le rapport de la nourriture.

Fonctions économiques. — Les fonctions économiques du
mulet sont à la fois celles du cheval et de l'âne. En Espagne, en

Amérique et en Italie, la mule a les honneurs du carrosse, en même temps qu'elle sert de monture.

Mulet de trait.

Quant au service, on distingue le *mulet de bât*, ou type léger, et le *mulet de trait*, ou type étoffé.

Bardot.

Le premier appartient aux races toscane, andalouse et gasconne. Le Poitou seul, et notamment les Deux-Sèvres, produit le second, dont la valeur peut dépasser 1 500 francs.

Bardot.

Le bardot (ou bardeau) est le produit de l'accouplement du cheval et de l'ânesse. Ce métis a les oreilles moins longues que le mulet; sa crinière et sa queue sont plus fournies; en outre, il hennit comme le cheval.

Le bardot est peu répandu; il n'est guère propre qu'au service du bât pour des localités pauvres et montagneuses.

Tout ce que nous avons dit concernant les allures du cheval (page 15) se rapporte également aux espèces que nous venons de passer en revue, avec cette remarque que la vitesse indiquée ne saurait s'appliquer à celles-ci, qui sont plus lentes. Pour la distinction de l'âge, les tares, l'habitation, l'alimentation et le harnachement, nous renvoyons également à ce que nous avons écrit sur le cheval.

Robes.

L'âne, le mulet et le bardot peuvent présenter toutes les nuances de robes que nous avons énumérées en traitant du cheval; toutefois, il en est quelques-unes que l'on retrouve sur la majorité des animaux de ces espèces.

C'est ainsi que le souris clair ou foncé, ou tirant un peu sur le rouge, est la robe ordinaire des ânes de notre pays, tandis que le noir est la robe des ânes de la Toscane.

La raie-de-mulet ou la bande cruciale se remarque presque toujours sur les ânes de robe claire.

La robe la plus commune, chez le mulet et le bardot, est le bai brun.

Hygiène.

Pansage. — Les soins de propreté accordés aux animaux de l'espèce asine, au mulet et au bardot, sont beaucoup moins minu-

tieux que ceux dont on entoure le cheval; mais, de tous les solipèdes, le plus négligé, sous ce rapport, est l'âne.

Dans le Poitou, la robe des baudets mulassiers n'a jamais été
effleurée par l'étrille ni par la brosse. Ce fait semblerait indiquer
que le pansage n'est pas indispensable à cette espèce; mais on
doit remarquer, d'une part, que l'épaisse fourrure des *guenil-
loux* [1] s'oppose à la malpropreté de la peau, et que, d'autre part,
leur fonction de reproducteurs remplie, les baudets jouissent d'un
repos absolu, ce qui est encore pour ces animaux une condition
favorable, en ce sens que, chez eux, les résidus de la sueur ne
sauraient mettre obstacle à la respiration cutanée, puisqu'ils ne
transpirent jamais que d'une manière insensible.

Comme on le voit, si les baudets peuvent être négligés sans
grand inconvénient, cela tient simplement à leur manière d'être,
et ce qui le prouve bien, c'est que les ânes travailleurs, à qui les
soins de propreté font défaut, sont le plus souvent atteints de
maladies de peau incurables, couverts de plaies ou tourmentés
par la vermine.

Le pansage de ces animaux, comme d'ailleurs celui du mulet
et du bardot, doit s'effectuer dans les conditions indiquées pour le
cheval (page 47).

Tondage. — L'âne et le mulet ne sont que très rarement soumis au tondage, dont ils pourraient retirer cependant les mêmes
avantages que le cheval.

Ferrure. — La ferrure de l'âne, du mulet et du bardot est
soumise aux mêmes règles que celle du cheval; mais l'âne, dont
la corne est plus résistante, peut quelquefois se passer de fers.
En France, il existe des localités dans lesquelles ces animaux ne
sont pas ferrés; il en est de même en Espagne. En Afrique, les
ânes ont toujours le pied nu.

Allaitement. — Nous avons fait connaître (page 54) le rôle du
colostrum en traitant de l'allaitement du cheval, et, si nous reve-

---

1. Nom donné aux baudets dans le Poitou.

nons sur ce sujet, c'est que la fâcheuse habitude où l'on est de jeter ce lait constitue le véritable écueil de l'élevage des espèces qui nous occupent.

En effet, nombre de propriétaires, guidés par une sollicitude irraisonnée et partant de cette croyance que le colostrum est dangereux pour les jeunes animaux qui l'absorbent, s'empressent de traire à fond et plusieurs fois dans la journée, l'ânesse ou la jument qui vient de mettre bas, si bien qu'un grand nombre d'ânons et de muletons périssent emportés par la constipation et le pissement de sang.

Sevrage. — Le sevrage de l'âne est généralement opéré vers le neuvième ou le dixième mois ; on y prépare le jeune animal en lui donnant des panades, de la farine d'orge délayée et enfin des grains.

Le mulet est sevré à l'âge de huit ou neuf mois ; alors on lui administre de l'orge, des fèves et des pommes de terre en vue de l'engraissement qui précède la vente, chaque propriétaire cherchant toujours à produire ses animaux dans un état aussi satisfaisant que possible.

Mode d'élevage. — Pour l'âne, comme pour le mulet, le seul système employé est l'élevage à l'écurie : le jeune animal suit sa mère à la prairie pendant le jour et rentre régulièrement tous les soirs.

Nourriture et éducation des ânons et des muletons. — Tout ce que nous avons dit sur l'éducation du poulain peut s'appliquer à la fois à l'âne et au mulet. Ce dernier surtout oppose la plus grande résistance à se laisser ferrer; il est donc nécessaire de l'habituer dès son jeune âge à se laisser tenir les pieds sans résistance, afin de pouvoir en temps utile pratiquer cette opération sans difficulté.

Quant à la nourriture, la ration de l'âne est composée le plus souvent de foin de légumineuses dont cette espèce se montre particulièrement friande ; ainsi que nous l'avons déjà dit, le muleton reçoit de préférence des pommes de terre, des fèves ou des grains.

III. — LE BŒUF.

Mammifère de l'ordre des ruminants [1], le bœuf est celui de nos auxiliaires qui rend la plus grande somme de services.

Fonctions économiques.

Les fonctions économiques de l'espèce bovine sont multiples. De tout temps le bœuf a été, comme le cheval, un moteur et particulièrement un moteur agricole; dès l'antiquité la plus reculée, il est déjà le compagnon du laboureur. De nos jours encore, il est à peu près le seul animal de trait et de labour dans toute l'Asie.

Taureau de Salers.

On l'utilise comme bête de selle et de bât dans l'Inde; enfin, il remplace le cheval comme monture chez les Hottentots et quelques peuplades de l'Afrique.

En France, le bœuf exécute une grande partie du travail des champs; on doit lui donner la préférence dans les pays de montagnes et là où les terres sont fortes et difficiles à labourer.

Considérés comme machines de culture, les animaux de l'espèce

---

1. Animaux ainsi nommés parce qu'ils ont la faculté de ramener dans leur bouche les aliments déjà ingérés dans leur estomac pour les mâcher de nouveau, acte qui constitue la rumination.

bovine ont sur le cheval des avantages nombreux qui peuvent se résumer ainsi : économie d'achat, de nourriture, de harnais et de soins, augmentation de valeur en vieillissant, perte moindre en cas d'accident, la viande servant à la consommation ; enfin, rusticité plus grande, entretien plus facile et moins coûteux.

Taureau garonnais

Le seul inconvénient qu'on puisse reprocher au bœuf est son peu de vitesse au tirage.

Outre sa force mécanique, l'espèce bovine donne encore du lait et de la viande ; mais, pris en masse, les sujets ne possèdent pas au même degré l'aptitude à tel ou tel service. Nous allons donc passer en revue chaque fonction économique, en faisant connaître les races propres à chacune d'elles.

Aptitudes, races.

Bœuf de travail. — Le bœuf de travail doit avoir la tête forte, des cornes grosses à la base et peu allongées, l'encolure courte et épaisse, la poitrine ample, le corps cylindrique et ramassé, une croupe bien musclée, des membres volumineux.

Ces caractères se rencontrent dans la race vendéenne, dans la race auvergnate, connue sous le nom de race de Salers et aussi dans les races garonnaise, limousine, gasconne, béarnaise, de la Camargue, du Morvan et d'Algérie.

Vache laitière. — La vache laitière se distingue par une tête peu volumineuse, des cornes petites, effilées, des oreilles minces, une encolure longue et déliée, un corps long, des jambes fines, des mamelles volumineuses, pendantes, recouvertes d'une peau

Vache bretonne.

fine de couleur jaunâtre, et enfin par des trayons ou mamelons allongés, écartés les uns des autres et égaux dans leur dévelop-pement.

Vache flamande.

Les meilleures races laitières sont la bretonne, la normande, la flamande, la jurassienne comprenant les variétés désignées sous le nom de race comtoise (celle qui habite les parties montagneu-ses), race fémeline (qui se trouve dans la vallée de la Saône), et enfin race bressane que l'on rencontre dans les Dombes, aux environs de Trévoux. Vient ensuite la race de Schwitz, répandue dans toute la Suisse et sur ses frontières.

Bœuf de boucherie. — Les sujets appartenant aux races amé-
liorées et exploitées exclusivement en vue de la boucherie présentent la conformation suivante : tête fine, encolure également

Vache hollandaise.

fine et courte, poitrine très ample sans fanon, corps long, épais et
très arrondi, croupe large et musclée, membres fins et très courts.

Parmi les races de boucherie, la première est la race anglaise

Bœuf de Durham.

de Durham, assez répandue chez nous, la race d'Angus, entre-
tenue dans le comté de ce nom (Écosse) et dépourvue de cornes ;
enfin, la race charolaise.

Age.

Chez le bœuf, comme chez le cheval, l'âge se reconnaît aux
dents incisives dont la mâchoire inférieure seule est pourvue. Au

nombre de huit, ces dents prennent les noms de pinces, premières mitoyennes, deuxièmes mitoyennes et coins.

Bœuf charolais.

Le veau naît le plus souvent avec les pinces et les premières mitoyennes; dans tous les cas, ces dents percent dans les huit premiers jours. Vers le vingtième jour, paraissent les secondes mitoyennes et à un mois les coins. Toutefois la mâchoire n'est au rond, c'est-à-dire les dents n'ont acquis leur complet développement, que vers cinq ou six mois.

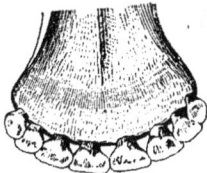

Un an.

En général, les pinces de lait sont rasées vers dix mois, les premières mitoyennes à un an, les secondes mitoyennes vers quinze mois, et les coins, de dix-huit à vingt mois. A ce moment, les pinces de lait tombent et les remplaçantes sont complètement sorties à *deux ans;*

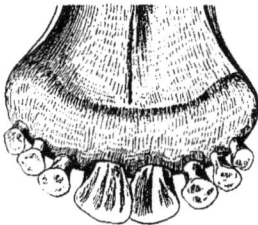

Deux ans.

De *deux ans et demi* à *trois ans,* remplacement des premières mitoyennes;

De *trois ans et demi* à *quatre ans*, remplacement des secondes mitoyennes;

De *quatre ans et demi* à *cinq ans,* remplacement des coins;

De *cinq ans* à *six ans,* la mâchoire est au rond ;
De *sept ans* à *huit ans,* nivellement des pinces ;
De *huit ans* à *neuf ans*, nivellement des mitoyennes ;
A *dix ans*, nivellement des coins.

Connaissance de l'âge par les cornes. — Outre les données fournies par les dents, on a encore, pour déterminer l'âge des bovins, les caractères présentés par les cornes.

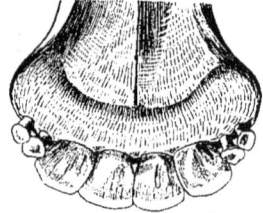

Trois ans.

A l'âge d'un an, les veaux sont pourvus de deux petits prolongements à surface rugueuse que l'on appelle *cornillons*.

Pendant la seconde année, une nouvelle pousse de la corne a lieu et se trouve séparée de la première par un sillon peu prononcé.

Un sillon semblable sépare la pousse de la troisième année de celle de la seconde et ainsi de suite. Mais comme les deux premières dépressions sont peu marquées, elles passent le plus souvent inaperçues, de sorte que l'on compte pour trois ans la portion qui se trouve au delà du premier sillon profond de la *corne*, et pour un an chaque sillon ou cercle que l'on rencontre en se dirigeant vers la base de celle-ci. On a alors l'âge

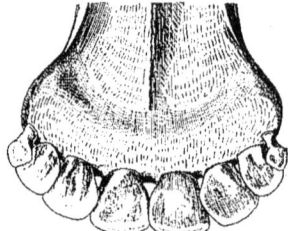

Quatre ans.

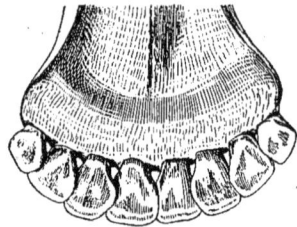

Cinq ans.

réel de l'animal aussi sûrement que par les dents, surtout lorsque le rasement des incisives de remplacement est effectué.

Malheureusement le développement des cornes n'est pas toujours régulier et, chez les bêtes de travail, les cercles sont bientôt effacés par le frottement du joug. En outre, lorsque l'animal est arrivé à un âge avancé, les cercles et les sillons, beaucoup moins nets et plus rapprochés, peuvent induire en erreur.

Robes.

Dans l'espèce bovine, les *robes* offrent de nombreuses variétés. La nuance la plus répandue est le rouge plus ou moins foncé donnant le *fauve*, le *cerise*, le *brun*, le *marron*, etc. Dans certaines contrées, et notamment dans la Bresse et la Franche-Comté, le *fauve clair* est appelé *froment*, par comparaison avec la couleur du grain de blé qui porte ce nom.

Après les variétés du rouge, les robes que l'on rencontre le plus fréquemment sont le noir, le blanc et le souris, mais les robes pies sont les plus communes et se forment avec toutes les nuances indiquées.

La robe est, dans l'espèce bovine, bien plus que dans celle du cheval, un caractère de race : le rouge cerise vif se perpétue dans la haute Auvergne, où tous les taureaux de la race de Salers présentent ce pelage. La robe noire est l'attribut des animaux de la Camargue. La robe froment caractérise les bœufs de la Bresse et de la Franche-Comté. La race charolaise se distingue par sa robe blanc sale ou froment très clair. Enfin, les bêtes bovines de la Belgique et de la Hollande sont presque toutes de poil pie-noir, tandis que celles de l'Italie méridionale se font remarquer par les différentes nuances de la robe souris.

Hygiène.

Étable. — L'étable, encore appelée bouverie, est le logement réservé aux animaux de l'espèce bovine.

Tout ce que nous avons dit sur l'emplacement et sur l'orientation de l'écurie se rapporte également à l'habitation du bœuf. Au point de vue hygiénique, cette dernière devrait toujours être largement aérée, mais l'espèce qui nous occupe au lieu d'avoir,

comme le cheval, une fonction unique, produit du travail, du lait
et de la viande. Or, si les animaux de travail, auxquels il convient
d'assurer avant tout une santé florissante, doivent habiter des
étables spacieuses où l'air circule librement, il n'en est pas de
même pour les bœufs d'engrais et les vaches laitières. En effet,
il est démontré qu'une température chaude et humide est favorable
à l'accumulation de la graisse et à l'abondance de la sécrétion
laiteuse. Dans l'exploitation de ces animaux, il faut donc s'attacher
à élever la température de l'étable tout en évitant que l'atmosphère
soit viciée.

En Angleterre et en Écosse, on obtient ce double résultat par
un artifice consistant à nourrir les vaches laitières avec des résidus liquides et chauds fréquemment distribués. En se refroidis-
sant, ces résidus chargent l'atmosphère de vapeurs qui entretiennent dans l'étable une douce température, bien que le renouvellement de l'air soit assuré par une ventilation active. Dans ces
conditions, les intérêts économiques et les nécessités de l'hygiène
se trouvent conciliés, contrairement à ce qui se passe dans les
étables exiguës des nourrisseurs, où la phtisie exerce si souvent
des ravages.

Quant à l'influence de la lumière, il est prouvé également que
les animaux engraissent mieux et plus rapidement lorsque l'étable
est relativement obscure.

En résumé, les animaux de travail et d'élevage doivent avoir
des étables spacieuses dans lesquelles circulent l'air et la lumière,
tandis qu'il y a avantage à entretenir les bœufs d'engrais dans des
habitations peu éclairées, où l'atmosphère sera maintenue à 18° ou
20° centigrades, la ventilation se bornant à empêcher la viciation
de l'atmosphère.

Eu égard à la quantité de lait produit, les vaches laitières de-
vraient être placées dans les mêmes conditions que les bêtes d'engrais, mais on n'ignore pas que, tant par la finesse de son goût
que par sa richesse, le lait des vaches qui vivent dehors est supérieur à celui des vaches tenues renfermées dans un espace étroit
et obscur, où elles respirent constamment un air vicié.

Le dernier est séreux, sans arome, et le plus souvent de mauvaise qualité. Le mieux est donc que les étables de laitières soient
vastes, aérées et bien éclairées, ce qui n'exclut pas le maintien

d'une douce température chaque fois que cela est possible. Du reste, la ventilation de l'étable est assurée dans les mêmes conditions que celle de l'écurie.

Sol. — Le sol de la bouverie doit être pavé ou bitumé et offrir une inclinaison suffisante pour que les liquides ne séjournent pas sous les animaux.

Plafond. — Le plafond peut être moins élevé que celui de l'écu-

Coupe de l'étable.

rie, la respiration du bœuf étant moins active que celle du cheval.

Arrangement intérieur. — Les étables reçoivent des animaux sur un ou sur deux rangs. Dans les étables doubles, ceux-ci sont placés croupe à croupe ou tête à tête. Cette dernière disposition, dans laquelle il existe un couloir entre les deux rangs, doit être préférée.

Ameublement. — L'ameublement de l'étable peut comporter des mangeoires et des râteliers. Ces derniers, dans tous les cas, doivent être placés plus bas que ceux des chevaux et avoir des barreaux plus espacés, mais il est préférable de les proscrire afin d'éviter au bœuf, dont l'encolure est moins mobile que celle du cheval, la fatigue qu'il éprouve pour aller saisir les fourrages.

Alors des auges en pierre dure ou en ciment, creusées suivant une courbe légère et par conséquent peu profondes, sont élevées à $0^m,40$ ou $0^m,45$ du sol ; puis, comme les bestiaux pourraient laisser tomber ou gaspiller une partie de leur nourriture, on les oblige à passer la tête au travers d'une cloison appuyée sur le bord antérieur de la mangeoire et présentant, pour chaque animal, une ouverture de $0^m,40$ de large sur 1 mètre de haut environ.

Cette cloison, appelée *cornalis*, peut être pleine ou à clairevoie. Un autre avantage de ce système est que l'animal, tout en prenant librement sa ration, ne saurait atteindre celle de ses voisins.

Système d'attache. — Le système d'attache employé pour le bœuf consiste le plus souvent en une chaîne à trois branches dont deux embrassent le cou de l'animal, et la troisième est fixée au bord antérieur de la mangeoire.

La conformation particulière des animaux de l'espèce bovine, leurs habitudes, la douceur de leur caractère, rendent les risques d'accidents causés par des violences à peu près nuls, ce qui dispense de les séparer.

Les bovins reposent couchés sur la poitrine et, pour cette raison, exigent moins de place que les chevaux.

Portes et fenêtres. — Les ouvertures de l'étable doivent être établies dans les mêmes conditions que les ouvertures de l'écurie. Nous renvoyons à ce qui a été dit sur celles-ci (page 29).

Entretien de l'étable. — L'étable doit être tenue dans un grand état de propreté : si le fumier séjourne quelque temps sous les animaux, il est nécessaire de renouveler souvent les pailles, de façon qu'ils soient toujours à sec. Le sol étant pavé ou bitumé, on peut supprimer la litière, à la condition d'enlever chaque jour, par des lavages, les déjections et les urines, mais alors les animaux reposent moins bien et exigent des soins de propreté beaucoup plus minutieux.

La bonne tenue de l'étable est de la plus grande importance pour ce qui concerne les vaches laitières ; non seulement la qualité du lait correspond à la pureté de l'atmosphère, mais, pour peu qu'il y séjourne pendant la traite, ce liquide est encore exposé à une altération produite par les gaz qui se dégagent des fumiers, laquelle se traduit par un goût désagréable, sensible surtout dans le beurre qu'on en retire.

De même que les chevaux, les bœufs malades doivent être mis à part chaque fois que cela est possible, et la désinfection est pratiquée s'il s'agit d'une affection contagieuse.

Alimentation. — *Foin.* — Les bêtes bovines sont peu difficiles sous le rapport de la nourriture; elles tirent parti des fourrages les plus grossiers, pourvu que ceux-ci soient bien administrés, qu'ils n'entrent que pour une partie dans la ration journalière et que leurs propriétés soient corrigées par des mélanges.

Regain. — Consommé sur pied ou à l'état sec, le regain est un bon aliment pour les jeunes animaux et pour les vaches laitières, dont il favorise la fonction, mais dans aucun cas il ne doit composer exclusivement la nourriture, parce qu'il ne contient qu'une partie des matières nécessaires à l'entretien de l'animal.

Luzerne. — La luzerne est un excellent fourrage pour les bêtes bovines. Malheureusement, lorsqu'elle est consommée en vert, elle détermine souvent le météorisme et exige des précautions particulières.

On ne doit jamais envoyer les animaux à jeun dans une luzernière, surtout si l'herbe a subi l'action du soleil, ce qui la dispose à fermenter.

A l'étable, la luzerne verte est donnée par petites quantités à la fois et mélangée avec des aliments secs. Couverte de rosée, cette plante a moins de chance de météoriser les animaux qui la reçoivent.

Sainfoin. — Donné vert, le sainfoin convient à tous les animaux de l'espèce bovine et particulièrement aux vaches laitières. Lorsqu'on le fait consommer à l'étable, il est bon de prendre des précautions pour l'empêcher de s'échauffer. Son fourrage est très nutritif.

Trèfle. — Les différentes variétés de trèfle donnent un bon fourrage vert dont l'inconvénient est de fermenter très facilement dans la panse des ruminants et de provoquer le météorisme. On doit prendre à l'égard de ces légumineuses les mêmes précautions que pour la luzerne.

En général, le foin du trèfle est très difficile à préparer et s'altère promptement, ce qui n'empêche pas les bovins d'en faire leur nourriture.

Les *vesces* et les *gesces*, dont le mélange, appelé coupage, est cultivé principalement pour la nourriture des chevaux, fournit également pour le bœuf une bonne nourriture verte.

Maïs. — Le maïs-fourrage est un aliment vert très recherché par les bêtes bovines, en raison de sa saveur sucrée. Dans les contrées méridionales, il suffit pour la nourriture des bœufs de travail. Il convient aussi parfaitement aux vaches laitières et communique au lait un goût particulier très agréable.

Sorgho. — Le sorgho possède les mêmes propriétés que le maïs-fourrage, disons cependant qu'il est moins riche en principes nutritifs.

Choux. — Les choux fourragers, et en particulier le chou branchu du Poitou, le chou Chollet et le chou cavalier, cultivés principalement dans l'ouest de la France, sont d'une grande ressource pour la mauvaise saison. Propre à l'engraissement des bœufs, cet aliment présente toutefois l'inconvénient de donner une saveur désagréable à la viande et, pour cette raison, il est nécessaire de cesser son usage trois semaines ou un mois avant de livrer les animaux à la boucherie. Chez les vaches laitières, le même inconvénient se traduit par une saveur particulière communiquée au lait. Il convient donc de ne pas soumettre celles-ci à ce régime et d'alterner avec d'autres fourrages.

Pailles. — Les pailles, riches surtout en ligneux ou cellulose, ont été longtemps considérées comme des matières tout à fait impropres à la nutrition. C'est à peine si on leur attribuait un rôle purement physique en les considérant comme une sorte de lest nécessaire au bon fonctionnement de l'estomac, mais l'expérience a prouvé que les ruminants pouvaient digérer 40, 60 et même jusqu'à 80 pour 100 de la cellulose contenue dans les aliments.

Les pailles ont donc une valeur nutritive propre et peuvent entrer avantageusement dans la ration, seules ou mélangées avec des matières liquides ou pâteuses qu'elles rendent plus assimilables.

Les *balles de blé*, les *siliques de colza*, possèdent les mêmes propriétés nutritives et digestives que les pailles et conviennent aux mêmes usages, mais à la condition de n'avoir subi aucune altération.

Betterave. — La betterave est un très bon aliment pour les bêtes bovines; elle doit être administrée après avoir été nettoyée, puis divisée au coupe-racines, seule ou en mélange soit avec des menues pailles, soit avec des tourteaux. Entière ou en trop gros fragments, elle risque de s'arrêter dans l'œsophage et de produire ainsi un accident qui peut devenir mortel. Il n'y a aucun avantage à faire cuire cette racine.

La ration journalière est difficile à déterminer; ce qu'on peut dire, c'est que tant que la diarrhée ne se manifeste pas, la proportion n'est pas trop forte. En principe, il faut toujours débuter par une faible dose que l'on augmente progressivement.

Carotte. — La carotte est surtout réservée pour l'alimentation des chevaux; ses propriétés sont à peu près les mêmes que celles de la betterave.

Tubercules. — La *pomme de terre* et le *topinambour* sont les seuls tubercules qui entrent dans l'alimentation du bétail.

Également propre à fournir du lait et de la graisse, la pomme de terre est trop aqueuse pour convenir aux animaux de travail. Ceux qui en sont trop copieusement nourris deviennent mous et suent au moindre exercice.

Donné le plus souvent cru aux vaches laitières, parce que dans cet état il est plus favorable à la sécrétion du lait, ce tubercule ne doit entrer que pour un tiers ou tout au plus pour la moitié dans la ration journalière. Pris en trop grande quantité, il fatigue les organes digestifs, occasionne des indigestions, des diarrhées opiniâtres et peut même, à la longue, déterminer la mort. Ces accidents se manifestent surtout au printemps, lorsque la pomme de terre est germée.

Par la cuisson, cet aliment perd son âcreté, devient plus salubre et peut être administré à plus fortes doses; on y ajoute souvent des farines de céréales ou de féveroles, des menues pailles, des fourrages secs hachés, etc.

Afin d'éviter l'obstruction de l'œsophage, on doit toujours couper la pomme de terre lorsqu'elle est donnée crue.

Le topinambour est presque toujours distribué à l'état cru, divisé en tranches et mélangé à une nourriture sèche. Lorsque la ration est trop forte, ce tubercule dérange les organes digestifs, provoque la météorisation, l'ivresse et même la fourbure.

Farines. — Les farines susceptibles d'entrer dans l'alimentation du bétail sont les farines d'orge, de seigle, de maïs, de pois, de fève, de vesce, de sarrasin, etc.

Très riches en phosphates, ces aliments ont pour effet de hâter l'achèvement du squelette en fournissant les matériaux nécessaires à la constitution des os. Ils conviennent aux bêtes à l'engrais et aux animaux convalescents.

Malt. — Le malt ou orge germée préparée pour la fabrication de la bière est une bonne nourriture pour les veaux après le sevrage. Donné aux vaches en mélange avec du son ou de la paille hachée, il augmente sensiblement la quantité de lait.

Résidus. — Les résidus de distillerie ou de sucrerie, connus sous le nom de *pulpes*, constituent une précieuse ressource au point de vue alimentaire. La pulpe de distillerie a une valeur nutritive beaucoup plus grande que celle de la pulpe de sucrerie qui, étant soumise à l'action de la presse, perd à la fois la plus grande partie de sa matière sucrée et beaucoup de ses substances solubles.

Les pulpes sont généralement données en mélange avec des balles de blé ou de menus fourrages. Elles conviennent également aux animaux jeunes, à ceux que l'on engraisse et aux vaches laitières; toutefois ces aliments doivent être conservés dans des silos ou des cuves couvertes, sous peine de les voir communiquer au lait une saveur particulière ainsi qu'une tendance à l'acidité.

De même que les racines sucrées, les tubercules et les grains fournissent des résidus alimentaires.

Les *résidus de pommes de terre* provenant de la distillerie ou de la féculerie, le *marc de pommes* résultant du pressurage des fruits à cidre, la *drèche* qui est le malt moulu et épuisé par l'eau lors de la fabrication de la bière et les *résidus de distillerie de grains* sont distribués aux animaux dans les mêmes conditions que les pulpes.

Tourteaux. — Les tourteaux sont les résidus de la fabrication de diverses huiles extraites des graines ou des fruits oléagineux. Les principaux sont ceux de colza, de lin, d'œillette, de noix, de chènevis, d'arachide, de cocotier, de coton, de sésame.

Pris en petites quantités, 2 ou 3 kilogrammes par jour, les tourteaux conviennent tant aux jeunes animaux, dont ils activent le développement, qu'aux bêtes d'engrais. D'autre part, ces aliments ne doivent être donnés aux bœufs de travail, dont ils sont incapables de réparer les forces, ni aux vaches, à cause du goût désagréable qu'ils communiquent au lait [1].

Très durs lorsqu'ils ont été fortement pressés, les tourteaux s'administrent après avoir été concassés ou mieux broyés, soit secs, soit délayés sous forme de buvées. Ce dernier mode d'emploi est surtout avantageux pour les animaux à la mamelle ou récemment sevrés. Aux autres, on les distribue en mélange avec des pulpes ou des fourrages secs hachés.

Composition des rations. — Les animaux de l'espèce bovine doivent toujours être nourris en vue de la production de la viande; or, plus ils mangent, plus vite ils atteignent le but de leur exploitation tandis que les chevaux nourris au delà de leurs besoins consomment en pure perte.

Pour les animaux dont il s'agit, le fourrage vert des prairies naturelles représente la meilleure *ration d'entretien;* quant à la *ration de production*, elle est composée d'éléments dont la nature varie avec le produit que l'on doit tirer de l'animal : c'est ainsi que le régime des bœufs de travail comporte du foin ou d'autres fourrages secs, de la paille et des résidus de féculerie; que les vaches reçoivent, avec leur fourrage, des racines et des farines de céréales; enfin, que l'alimentation des bœufs à l'engrais comprend du foin, des résidus de distillerie et des tourteaux.

Il va sans dire que ces rations peuvent être modifiées à volonté suivant les ressources dont on dispose en remplaçant, durant la belle saison, les racines ou les pulpes par des fourrages verts.

Bœufs de travail :

Foin ou autres fourrages secs	5 kilog.	»
Paille	5 —	»
Résidus de féculerie	14 —	»
Foin ou autres fourrages secs	12 kilog.	»
Paille	4 —	»
Racines	30 —	»

1. Les tourteaux de lin, de cocotier, de coton, de sésame, d'œillette, d'arachide, ne présentent pas cet inconvénient.

Foin ou autres fourrages secs................ 3 kilog. 700
Paille.. 4 — »
Pulpe de betteraves (sucrerie)................ 20 — »
Avoine, orge ou autre grain.................. 1 kilog. »
Tourteau de colza........................... 2 — »

VACHES LAITIÈRES :

Foin ou autres fourrages secs................ 3 kilog. »
Racines...................................... 20 — »
Farines de céréales.......................... 0 — 750

Foin ou autres fourrages secs................ 3 kilog. »
Pulpe de betteraves (sucrerie)................ 50 — »

Foin ou autres fourrages secs................ 4 kilog. »
Paille.. 6 — »
Racines...................................... 32 — »
Farines de céréales.......................... 5 — »

Foin ou autres fourrages secs................ 7 kilog. 500
Paille.. 1 — 400
Racines...................................... 23 — »

BOEUFS A L'ENGRAIS :

Foin ou autres fourrages secs................ 2 kilog. 500
Résidus de distillerie (pommes de terre)...... 50 — »
Tourteau de colza........................... 2 — 500

Paille.. 12 kilog. »
Pulpe de betteraves (sucrerie) .... 33 — »
Tourteau de colza........................... 6 — »

Foin ou autres fourrages secs................ 8 kilog. »
Résidus de distillerie (pommes de terre et grains) 25 — »
Tourteau de colza........................... 2 — 500

Foin ou autres fourrages secs.............. 7 kilog. 500
Paille .... 2 — 500
Racines...................................... 40 — »
Farines de céréales .... 3 — »

Distribution de la nourriture. — Pour les animaux de rente, il importe que les repas soient réglés si l'on veut éviter de perdre une partie de la nourriture qui leur est distribuée.

Les bêtes bovines reçoivent une ration qui atteint souvent un poids considérable sous un grand volume, aussi est-il toujours avantageux de multiplier les repas de ces animaux en leur accordant, toutefois, le temps nécessaire à la rumination. Ceux qui sont soumis à un travail léger peuvent être attelés sans grand inconvénient tout de suite après leur repas, parce qu'ils ruminent en marchant. Les vaches laitières et les bœufs à l'engrais gagnent à être laissés au repos.

Les animaux de travail et les vaches laitières font généralement trois repas; alors la ration divisée en trois parties égales est distribuée par petites portions : ainsi, en admettant que le repas doive durer une heure, il convient de faire quatre distributions également espacées, en abreuvant les animaux entre les deux premières et les deux dernières.

Pour les bêtes d'engrais, dont la ration est plus copieuse, il est bon d'augmenter d'un ou de deux le nombre des repas.

Lorsque des matières fermentées, des aliments pâteux ou demi-liquides font partie de la ration, ils doivent être préalablement mélangés avec les fourrages et, dans tous les cas où la nourriture n'est pas entièrement sèche, les auges seront nettoyées après chaque repas, afin d'éviter du dégoût aux animaux.

Boissons. — Nous avons indiqué précédemment les caractères de l'eau potable (voir page 44), nous ferons seulement remarquer ici que les animaux dont nous nous occupons se montrent peu difficiles sous le rapport des boissons.

Distribution des boissons. — Les boissons doivent être distribuées aux animaux de l'espèce bovine à chaque repas. On estime qu'un bœuf de taille moyenne a besoin de 25 litres d'eau dans les vingt-quatre heures; les précautions à prendre pour abreuver cet animal sont d'ailleurs celles que nous avons fait connaître en parlant du cheval.

Sel. — Le sel est très utile dans l'alimentation du gros bétail; on doit en ajouter une certaine proportion aux aliments fades ou grossiers ou, ce qui est préférable, mettre à la disposition des animaux dans les mangeoires, des briques de sel gemme qu'ils lèchent à volonté.

Ce que l'on ne doit pas perdre de vue, c'est que les fourrages verts, tels que le trèfle et la luzerne, deviennent inoffensifs lorsqu'ils sont fortement arrosés d'eau salée.

La dose journalière de sel, pour un animal de poids moyen, peut être fixée à 60 grammes.

Pansage. — Les bêtes à cornes sont moins susceptibles que le cheval; toutefois la négligence des soins de propreté en ce qui les concerne n'est pas sans exercer des effets fâcheux sur leur organisme; le bœuf couvert de crasse et de fumier engraisse mal; la vache dans les mêmes conditions donne un lait qui rappelle l'odeur de la sueur, la transpiration cutanée s'exécutant d'une manière incomplète. Comme on le voit, le pansage de ces animaux a un effet salutaire et ne doit pas être négligé. En outre, les bêtes mises en vente avec une peau malpropre subissent de ce fait, sur les grands marchés, une dépréciation de 6 à 10 pour 100, ce qui plaide encore en faveur de l'opération dont il s'agit.

On se sert, pour le pansage du bœuf, de cardes spéciales remplaçant l'étrille et aussi de la brosse de chiendent.

Tondage. — Le tondage est très utile au bœuf. Les animaux de travail qui y sont soumis sont plus gais, mangent avec plus d'appétit, fatiguent moins et ne transpirent presque pas. Quant aux bêtes d'engrais, elles prennent plus rapidement de la viande et l'expérience a prouvé qu'on peut obtenir en cinq mois d'un bœuf tondu et entretenu dans un état de propreté convenable, un poids de viande que l'on n'obtiendrait pas en six mois dans les conditions ordinaires. Ce résultat avantageux tient sans doute à la facilité que donne le tondage pour nettoyer complètement la peau, ce qu'on fait cependant au moyen de lavages d'abord avec de l'eau de savon, puis avec de l'eau pure et un peu tiède. En favorisant l'exercice des fonctions cutanées, ces lavages font disparaître les démangeaisons qui se montrent surtout au début de l'engraissement et qui, en tourmentant les animaux, les empêchent de profiter de leur nourriture.

Bains. — Les animaux de l'espèce bovine se passent plus facilement de bains que le cheval, parce qu'ils transpirent peu; cependant ils en tirent le grand avantage d'être débarrassés des ordures dont leur corps se couvre dans les étables, souvent malpropres, où on les tient enfermés. Toutes les indications que nous avons données pour le cheval se rapportent du reste aux bovins.

Harnachement. — La pièce principale du harnachement chez le bœuf est le *joug*, se fixant soit sur le front en avant des cornes, soit sur la nuque. Le joug frontal est généralement préféré au

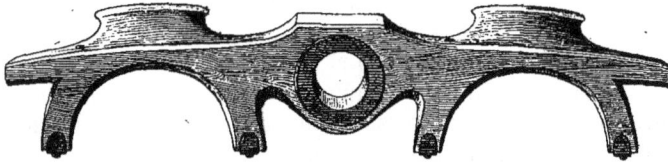

Joug de timon.

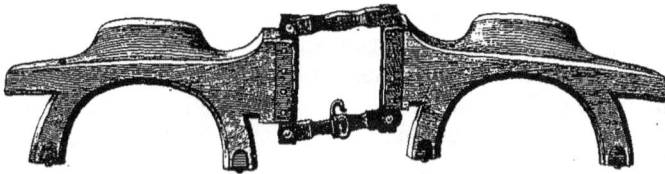

Joug articulé.

joug de nuque. En Suisse, dans le midi et dans l'est de la France, on se sert du *joug de garrot* qui n'est, à proprement parler, qu'une sorte de collier.

Ferrure. — La ferrure du bœuf, beaucoup moins compliquée que celle du cheval, n'a d'autre but que de préserver de l'usure la corne des onglons. Dans quelques pays, on se contente de ferrer l'onglon externe des membres antérieurs ; dans d'autres, on les ferre tous les deux.

Élevage. — L'allaitement du veau se pratique de deux maniè-res : il tette ou on lui fait prendre le lait dans un vase.

Lorsque la quantité de lait est juste suffisante pour l'allaite-ment du nourrisson, il y a avantage à laisser teter celui-ci ; mais lorsqu'il ne peut pas tout prendre, il est préférable d'opérer la traite, sur le produit de laquelle on prélève ce qui lui est nécessaire.

Quoi qu'il en soit, il importe que les repas du jeune animal soient réglés, leur nombre diminuant progressivement à mesure qu'il avance en âge et qu'il devient assez fort pour recevoir d'autres aliments.

Les veaux destinés à la boucherie sont habituellement sevrés quelques jours après leur naissance. Il leur arrive même, lorsque les mères sont exploitées en vue de la production du lait, de ne jamais teter. Dans ce cas, l'allaitement est remplacé par des bouillies farineuses, des pâtes, du riz crevé, des œufs, etc.

Pour les veaux d'élevage, l'allaitement dure environ huit mois. A mesure que la lactation baisse, il convient de donner au jeune animal d'abord des farineux ou des tourteaux sous forme de buvées, puis de l'herbe ou du regain dont la ration augmente progressivement.

Engraissement des veaux. — Le lait forme la base principale de l'alimentation des veaux à l'engrais, que ce lait soit pris au pis de la vache ou qu'il soit bu au seau. Ce dernier procédé facilite l'administration d'aliments supplémentaires, tels que le thé de foin, les décoctions de grains, les farines délayées d'orge, de maïs, de féveroles, le tourteau de lin, etc.

En Beauce et dans le Gâtinais, où l'engraissement dure de deux à quatre mois, le veau tette à discrétion et l'on a soin de le tenir à l'écart sur une bonne litière, dans un lieu un peu obscur et chaud.

Lorsqu'on pratique l'allaitement artificiel on peut, après la première semaine, soit substituer le lait écrémé au lait pur, soit ajouter à ce dernier, comme cela se pratique dans les pays que nous venons de citer, des échaudés, du pain blanc, du riz bouilli, etc.

Dans le Nord, les veaux d'engrais, enfermés dans des sortes de boîtes où ils ne peuvent se retourner, reçoivent trois fois par jour du lait pur auquel on mêle de la graine de lin ou des farineux et même de la décoction de têtes de pavot, qui passe pour favoriser l'engraissement. Nous pensons qu'il est prudent de ne pas abuser de ce narcotique dont les effets pourraient être pernicieux.

Engraissement des bœufs et des vaches. — Les méthodes d'engraissement correspondent aux modes d'élevage et, par conséquent, sont au nombre de trois : *l'engraissement d'embouches* ou *d'herbages; l'engraissement à l'étable* et *l'engraissement mixte.*

1° Engraissement a l'herbage. — Cette méthode est uniquement pratiquée dans le Charolais, la Nièvre et la Normandie. Dans ce dernier pays l'on estime qu'il faut 24 ares d'herbages de première qualité pour engraisser un bœuf de 600 kilogrammes, 40 ares de deuxième pour un bœuf de 500 kilogrammes, et enfin 32 de troisième qualité pour un de 400 kilogrammes. Les bœufs entrent maigres dans les herbages et n'en sortent que pour être vendus.

L'opération dure en moyenne quatre mois ; on commence par

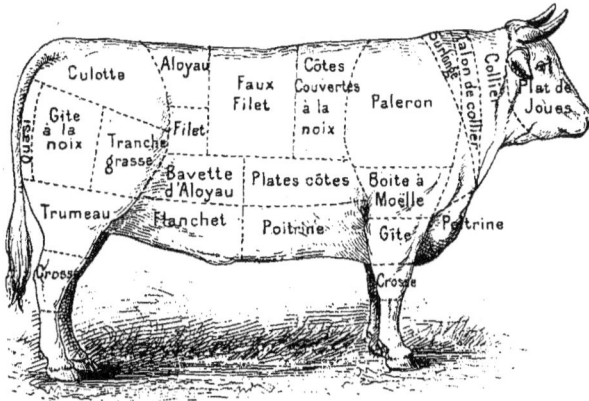

Coupe du bœuf de boucherie.

les herbages de qualité inférieure, puis l'on passe successivement dans les plus riches. En général un quart des bœufs sont gras après trois mois de séjour, la moitié un mois après et le dernier quart dans le courant du mois suivant. En automne, les animaux vendus sont remplacés par des bœufs maigres qui se rafraîchissent à l'herbe avant d'être engraissés à l'étable pendant l'hiver.

Dans le Charolais et dans la Nièvre, les embouches de première qualité peuvent engraisser trois bœufs par superficie de 2 hectares ; celles de deuxième qualité sont réservées aux vaches à raison de deux têtes à l'hectare. Les bêtes d'engrais, achetées de janvier à mai, attendent la pousse de l'herbe à l'étable où elles reçoivent du foin provenant des embouches qui n'ont pas été complètement tondues par le bétail.

Le tiers des animaux à l'embouche est formé par des adultes prêts pour l'engraissement ; un deuxième comprend ceux qui sont un peu moins avancés ; enfin, le dernier est composé des jeunes qui doivent demeurer jusqu'à la fin de la saison.

2° ENGRAISSEMENT A L'ÉTABLE. — Dans l'engraissement à l'étable il importe non seulement que les rations soient bien composées, mais il faut encore observer la plus grande régularité dans la distribution des repas et exciter l'appétit des sujets en variant la nourriture et en réservant pour la fin les aliments préférés ; en outre, l'étable doit être tenue très proprement et offrir une température égale et suffisamment élevée ; enfin, il faut maintenir les animaux dans le plus grand calme en éloignant d'eux tout ce qui peut être une cause d'excitation.

3° ENGRAISSEMENT MIXTE. — Ce mode d'engraissement est presque universellement adopté dans le Limousin et la Vendée. Alors, les bœufs restent au pâturage jusqu'à ce qu'ils soient en bon état, c'est-à-dire depuis le mois d'août jusqu'à la fin d'octobre ; après quoi ils sont rentrés à l'étable où s'achève l'engraissement.

Cubage des animaux gras. — Depuis longtemps on a cherché à déterminer le poids des animaux sans recourir au pesage.

Des différentes méthodes employées jusqu'ici, celle de Mathieu de Dombasle est, sans contredit, la plus simple et la plus pratique ; aussi la recommandons-nous à l'attention des éleveurs. Elle consiste à prendre la mesure *oblique* de la poitrine à l'aide d'un ruban spécial dit *cordon de Dombasle.*

Pour procéder à cette opération, on se place en regard du coude, puis, après avoir jeté le ruban par-dessus le garrot, on le rattrape en dessous pour le faire passer entre les membres antérieurs et le ramener ensuite en avant de l'épaule jusqu'à la main qui tient l'autre extrémité au sommet des omoplates.

Le *poids net*, ou si l'on veut le poids des *quatre quartiers*, se lit au point où le zéro de la division vient rencontrer le ruban. Celui-ci doit être modérément serré.

Il est recommandé de prendre deux fois la mesure de la poitrine en partant successivement de la droite et de la gauche ou inversement de manière à avoir la moyenne des résultats s'ils diffèrent. Alors, il devient nécessaire que, dans l'intervalle, le bœuf ne change pas de position, ce qui obligerait à tout recommencer.

Cette vérification est utile surtout quand on se trouve en présence de quelques particularités de conformation (fortes saillies des

Cubage du bœuf (côté droit).

épaules, grand développement du fanon). Les fanons exagérés doivent être repliés et soupesés à la main et le ruban légèrement tendu.

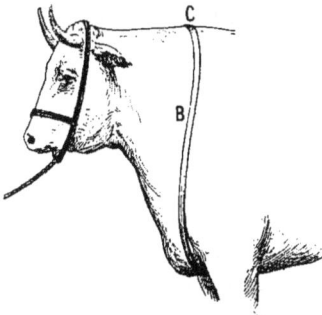

Cubage du bœuf (côté gauche).

Dans tous les cas, il est indispensable que l'animal sur lequel on opère soit placé avec les deux membres antérieurs en face l'un de l'autre et la tête droite, dans sa position normale.

La méthode Dombasle étant basée sur la constitution physique du bœuf dont les membres antérieurs sont toujours les plus développés, on devra augmenter de 10 à 15 pour 100 les indications fournies par le ruban quand on l'appliquera aux vaches, même à un degré avancé d'engraissement, celles-ci ayant la poitrine moins ample.

eⁿ766765555555555555555555

La méthode dont il s'agit peut s'appliquer aussi au porc et au mouton; toutefois, chez ce dernier la présence de la toison peut donner lieu à des erreurs. Les lignes A et B indiquent la direction qu'il convient de donner au ruban dont les extrémités doivent se rejoindre en C.

Castration. — La castration se pratique dans l'espèce bovine à des âges différents, suivant l'usage auquel on destine les animaux.

Lorsque les veaux doivent être tués vers deux ou trois mois, il est inutile d'y recourir. Au contraire, il est avantageux de châtrer ceux qu'on veut engraisser pour les livrer adultes à la boucherie; car cette opération les rend plus doux et favorise l'accumulation de la graisse dans toutes les parties du corps. Alors ils sont généralement opérés à l'âge de deux mois.

Il serait impossible, ou tout au moins dangereux, de soumettre au joug les mâles de l'espèce bovine. Lorsqu'on veut faire travailler les animaux quelques années avant de les engraisser, on les châtre vers cinq ou six mois; opérés plus tôt, ils ne prendraient pas assez de forces pour remplir leur office de bêtes de trait; plus tard, ils ne pourraient fournir à l'alimentation qu'une chair de médiocre qualité. Lorsque les sujets sont exclusivement réservés au travail, on peut les faire châtrer vers dix-huit mois; dans ces conditions, ils ont le temps d'acquérir une puissance musculaire suffisante; mais l'opération présente plus de danger que dans le jeune âge.

Le lait et ses produits.

Le lait constitue un aliment de première nécessité, dont la consommation s'accroît de jour en jour dans les villes et qui, à Paris notamment, est arrivée à dépasser celle du vin.

Le lait se compose de trois parties essentielles : eau, beurre et caséum. Ces éléments, qui forment une émulsion aussi parfaite que possible, se séparent toutefois fort aisément. Par le simple repos, la matière grasse se rassemble et vient former à la partie supérieure du liquide une couche plus ou moins épaisse qu'on

appelle la *crème;* par l'addition d'une petite quantité de pré-
sure, le *caséum* se réunit à son tour en une masse assez ferme
pour être coupée par le couteau. Il reste ensuite un liquide ver-
dâtre, un peu sucré et un peu acidule, qui représente l'eau ou
sérum.

La composition, et par suite la qualité du lait, est susceptible
de varier dans de très grandes limites suivant l'âge, la race, l'individu ; elle dépend aussi du régime suivi par les animaux, de la
saison, de l'époque plus ou moins éloignée du part, etc.

Quant à la quantité qu'une vache peut fournir, elle oscille entre
3 et 25 litres. Dans de très bonnes étables on peut arriver à un
rendement moyen de 10 litres par tête et par jour. Une vache qui
donne du lait pendant deux cent soixante-dix ou trois cents jours
de l'année doit être considérée comme bonne ; la moyenne pour
les races anglaises n'est que de deux cent cinquante jours ; elle
est très inférieure pour les races françaises.

Le lait peut subir diverses altérations dues soit à un état ma-
ladif de la femelle qui le donne, soit à la malpropreté des étables, des ustensiles ou des vases dans lesquels il est recueilli. Ce
liquide peut aussi renfermer des produits étrangers provenant
d'aliments en voie de décomposition, de matières odorantes ou
colorantes, de substances médicamenteuses, etc.

Le lait sécrété par les mamelles dans les premiers jours qui
suivent le vêlage prend le nom de *colostrum;* il offre alors une
très grande richesse en éléments solides et revêt une couleur
jaunâtre plus ou moins foncée. Ce n'est que vers le cinquième ou
le sixième jour après le part que le lait a repris ses caractères
habituels.

Le lait obtenu à la fin de la traite contient beaucoup plus de
beurre que celui qui a été recueilli au commencement ; il en est
de même du lait des traites du matin, comparativement au produit des traites du soir, du lait d'hiver comparé au lait de la saison d'été.

Les causes d'altération du lait inhérentes à la femelle sont les
maladies de l'appareil digestif et les affections des mamelles qui
donnent le *lait caillé*.

Le *lait putride* se reconnaît à la présence de bulles gazeuses
apparaissant à sa surface. La crème qui en provient prend une

coloration jaune sale; des gouttelettes d'huile sont disséminées dans sa substance; de plus, elle contracte une saveur amère et ne donne pas de beurre. Dans ce cas, il est indiqué de procéder à la désinfection des étables, de la laiterie et des vases destinés à recevoir le lait.

Le *lait visqueux* réclame également la désinfection complète de la laiterie et une grande propreté des vases. Dans cette altération, deux jours après sa sortie du pis, le lait devient épais, filamenteux et se caille incomplètement; la crème n'est déposée qu'en très mince couche et le beurre qu'on en tire a un goût fade et désagréable.

Le *lait bleu* est dû à une altération particulièrement commune pendant l'été, au printemps et, en général, par les temps chauds ou orageux dans les laiteries humides, où elle peut persister des années entières. Habituellement, elle disparaît au moment de la saison froide, c'est-à-dire en automne ou en hiver et parfois aussi lorsque l'air vient d'être purifié par des orages ou par la pluie.

Les phénomènes qui annoncent cette anomalie sont les suivants : un ou deux jours après la traite, lorsque le lait commence à se prendre et à devenir acide, on voit apparaître à la surface de la crème de petites taches irrégulières ayant à peine les dimensions d'une tête d'épingle; d'abord de couleur bleu clair, ces taches prennent peu à peu les nuances indigo ou bleu de ciel, s'étendent en largeur et en profondeur et finissent par envahir même le lait dont la masse est parfois colorée en bleu. Quant au beurre donné par ce lait, il ressemble à du suif et présente bientôt des taches ou des bandes bleues.

La consommation du lait bleu est dangereuse pour l'homme comme pour les animaux. On peut éviter cette altération par l'aération, la propreté et la désinfection des étables, de la laiterie et des ustensiles dont on fait usage.

Le *lait rouge*, assez rare, semble n'être qu'une modification du lait bleu.

Le *lait jaune* est également dû à une altération très voisine de celle du lait bleu; on l'observe plus fréquemment sur le lait bouilli que sur le lait cru.

Produits étrangers dans le lait. — Les produits capables de communiquer leur saveur au lait sont les aliments en état de décomposition : tourteaux rances, pommes de terre et betteraves pourries ou gelées, châtaignes, tiges de topinambour, absinthe, fougère mâle, artichaut, tourteaux de colza et de lin, fanes de pois en trop grande quantité, etc. Les vases ou ustensiles malpropres peuvent également donner au lait une saveur plus ou moins désagréable. Le traitement consiste donc à changer le régime des animaux et à tenir les vases de la laiterie parfaitement propres.

L'ail jaunâtre, la civette et parmi les médicaments le camphre, l'essence de térébenthine, l'acide phénique, agissent sur le lait en lui communiquant leur odeur. L'acide phénique, en particulier, peut rendre la consommation du lait dangereuse lorsque, après la désinfection de l'étable par cet agent, les vaches y ont séjourné.

Les matières colorantes provenant de certains végétaux : carotte, rhubarbe, garance, safran, mercuriale annuelle, sarrasin, etc., passent dans le lait ; il en est de même des médicaments tels que : camphre, éther, essence de térébenthine, aloès, arsenic, belladone, jusquiame, colchique, ciguë, etc.

Le lait renferme quelquefois du sang, ce qui peut tenir à la contusion des mamelles, aux manœuvres brutales effectuées pendant la traite ou aux coups de tête donnés par le veau.

Enfin, le lait peut servir de véhicule à des agents morbides susceptibles de provoquer de graves désordres chez l'homme et les animaux. A cet égard, la maladie la plus importante est la tuberculose ; l'expérience a démontré que cette affection redoutable entre toutes peut être transmise par ce liquide lorsque la mamelle est atteinte.

Recueilli dans des vases *ad hoc*, le lait est ensuite abandonné au repos dans un lieu convenable où sont conservés également le beurre et le fromage, et qui prend le nom de laiterie.

La température la plus favorable à la montée de la crème est entre 12° et 15° ; quant à l'atmosphère de la laiterie, elle doit être constamment renouvelée et exempte d'humidité. D'autre part, la propreté la plus minutieuse est de rigueur, tant pour ce qui concerne le local lui-même que pour ce qui regarde les ustensiles et les vases qu'il renferme.

Le lait de bonne qualité donne environ 10 pour 100 de son volume de crème et 4 pour 100 de son poids en beurre.

Le fromage, que l'on obtient en faisant cailler le lait, est composé de crème et de caséum ou de caséum seulement. On distingue les fromages *récents*, qui possèdent les mêmes propriétés que le beurre et le caséum, et les fromages *vieux* ou *fermentés*, qui sont beaucoup plus stimulants.

III. — LE MOUTON.

Le mouton appartient à l'ordre des *ruminants*. Cette espèce fournit trois sortes de produits : la viande, la laine et le lait. En Asie et au Thibet elle remplit, en outre, les fonctions de bête de somme.

Longtemps la laine a été considérée comme le principal produit du mouton ; les conditions économiques actuelles exigent que cet animal soit exploité avec un égal intérêt tant pour sa viande que pour sa laine, et si les aptitudes naturelles à cette double fonction ne sont pas les mêmes pour toute l'espèce, elles se trouvent du moins réunies, de sorte qu'aucune de nos races ovines ne doit répondre à une spécialité de service.

Quant à la fonction laitière, elle est loin d'avoir l'importance des deux autres : le lait de la brebis ne sert guère qu'à la fabrication des fromages de Roquefort, Sassenage et Septmoncel.

Races.

Les races du mouton sont nombreuses ; on les a divisées en deux grands types dont l'un est le mouton à laine courte, l'autre le mouton à laine longue. Les croisements ont pour résultat de modifier sensiblement ces qualités absolues de la toison, dont nous allons indiquer brièvement les principaux caractères.

Caractères de la toison. — A l'état naturel, deux sortes de poils revêtent la peau du mouton : l'un, roide et droit, se montre le plus abondant; l'autre, ondulé ou frisé, l'est moins. Dans l'état de domestication, ces proportions sont inverses; c'est la seconde sorte appelée *laine* qui domine et constitue la *toison*, tandis que la première ou *jarre* tend à disparaître sous l'influence des soins accordés aux animaux.

La toison est composée d'une infinité de *brins* réunis entre eux pour former des *mèches*. Celles-ci sont dites *cylindriques* ou *carrées* quand elles présentent un diamètre égal dans toute leur étendue, *coniques* ou *pointues* lorsqu'elles sont plus larges à la base qu'au sommet, et, par conséquent, formées de brins d'inégale longueur. Cette dernière disposition de la mèche donne la toison *ouverte*, dont l'inconvénient est de se laisser pénétrer par les impuretés de toute sorte qui, en altérant le suint, diminuent la qualité de la laine. Avec la mèche cylindrique, au contraire, la toison est *fermée*.

Brin. — La première chose à considérer dans le brin est son diamètre, qui donne la mesure de la finesse de la laine. Ainsi on distingue des laines *extra-fines*, *fines*, *intermédiaires*, *communes* et *grossières*, chacune de ces catégories ayant son type dans certaines races et ce type servant de point de comparaison.

Si le diamètre du brin est le même dans toute son étendue, c'est que la sécrétion ou, si l'on veut, la pousse de la laine a été régulière et que de mauvaises conditions hygiéniques n'ont pu influer sur sa qualité; aussi, cette *égalité* du brin est-elle très recherchée.

Lorsque le brin est droit, la laine est *lisse;* elle peut être aussi *ondulée*, *frisée*, *vrillée* ou *en zigzags*. Ce dernier caractère est d'une grande valeur et paraît appartenir exclusivement à la race mérinos.

On doit rechercher dans le brin la *souplesse*, le *moelleux* et la *douceur :* les laines *roides*, *dures* ou *jarreuses* sont toujours de qualité inférieure.

La résistance opposée à la tension par le brin constitue sa *force* ou son *nerf;* cela s'apprécie approximativement par l'habitude : on n'a jamais déterminé l'effort que la laine doit supporter sans se rompre pour mériter d'être qualifiée de *nerveuse*. La laine *faible* provient le plus souvent d'animaux mal nourris ou maladifs. La laine à *deux bouts* ou *laine fourchue*, ainsi appelée parce que le brin présente en son milieu une partie moins résistante, a été sécrétée durant une période d'alimentation mauvaise ou insuffisante. Cette sorte de laine existe souvent chez les brebis qui ont été épuisées par la lactation. Elle a peu de valeur, casse sous les outils et donne beaucoup de déchet.

L'*extensibilité* et l'*élasticité* varient l'une et l'autre, suivant la finesse et la direction du brin ; à finesse égale, les laines lisses et droites sont moins extensibles et moins élastiques que les laines ondulées, frisées ou en zigzags. Ce sont là des qualités précieuses sans lesquelles la laine est impropre à la fabrication des étoffes foulées.

La plupart des qualités que nous venons d'énumérer paraissent dues à la matière grasse appelée *suint*, dont le brin de laine est plus ou moins pénétré ; toutefois, cette matière étant très variable dans sa composition ne saurait communiquer à la laine des propriétés toujours identiques.

Le suint blanc ou faiblement coloré en jaune, abondant à la surface du brin, donne à celui-ci de la souplesse et du moelleux, et un simple lavage à l'eau froide suffit pour l'enlever. Il ne se rencontre guère avec ces qualités que sur les laines fines, lesquelles sont toujours moins bonnes quand elles en sont dépourvues ou n'en possèdent qu'une faible quantité.

Épais et fortement coloré, le suint devient nuisible. La laine qui s'en trouve chargée dans ces conditions est rude au toucher et doit subir des procédés particuliers de dégraissage.

Le poids du suint est généralement égal à celui de la laine ; cette dernière peut même perdre jusqu'à 75 pour 100.

La laine est naturellement de couleur blanche, rousse ou noire ; la première est la plus recherchée.

1° **Races à laine longue.** — Les principales races de moutons à laine longue sont :

La *race* anglaise de *Dishley*, importée en France en vue d'opérer des croisements, et qui est une des meilleures races de boucherie, sous cette réserve que la viande donnée par ces animaux est peu ferme, le plus souvent trop grasse et manquant de saveur ;

La *race flamande*, répandue surtout dans les Flandres belges
et française, ainsi que dans les départements du Calvados, de la
Manche, du Nord, du Pas-de-Calais, de la Somme, etc. ; les repré-

Bélier dishley.

sentants de cette race possèdent une remarquable aptitude à
l'engraissement, mais leur viande est en général grossière et peu
savoureuse ;

Bélier flamand.

La *race du désert* dite *touareg*, très répandue en Algérie, surtout dans la province de Constantine ;

La *race bretonne*, qui vit sur le littoral du Morbihan et du Fi-
nistère et donne les petits moutons dits de *présalé*, dont la répu-
tation est universelle.

2° **Races à laine courte.** — Nous citerons parmi les races à laine courte :

La *race de Southdown*, originaire du comté de Sussex, sur le

Bélier southdown.

littoral de la Manche; cette race compte un grand nombre de représentants dans notre pays; le southdown est un animal

Bélier mérinos.

de boucherie par excellence, tant par son rendement que par la qualité de sa viande;

La *race mérinos*, introduite en Espagne par les Maures, puis d'Espagne en France; la race mérinos a tiré son nom de son mode d'existence dans la péninsule Ibérique (de l'espagnol *me-rino*, qui signifie errant).

Aussi loin qu'on puisse remonter dans les traditions des Ibères, on trouve la trace de l'existence de troupeaux de moutons soumis au régime pastoral primitif, qui s'est conservé jusqu'à nos jours dans les contrées méridionales de l'Europe.

En France, le mérinos se trouve répandu un peu partout, mais principalement en Bourgogne, dans la Champagne et l'Ile-de-France. C'est à la fois la meilleure bête à laine et l'une des meil-

Brebis berrichonne.

leures races de boucherie et, quoi qu'on en ait dit, les métis dishley-mérinos ne lui sont pas supérieurs sous ce dernier rapport.

Mentionnons aussi :

Les *races du Berry* et *de la Sologne*. Bien que la population ovine de ces deux contrées se rapporte à un seul type, on a coutume d'en former deux races; les moutons berrichons et solognots, réputés pour la qualité de leur viande, sont de médiocres bêtes à laine; ils ont été croisés avec plusieurs races anglaises et notamment avec le dishley, le southdown et le new-kent; les représentants de la prétendue *race de la Charmoise* ne sont autre chose que des métis de cette dernière race avec celle du Berry, c'est-à-dire des new-kent-berrichons ;

La *race du Poitou*, qui habite les départements des Deux-Sèvres, de la Vendée et la plus grande partie de ceux de Maine-et-Loire et de la Loire-Inférieure; la viande des animaux de cette race manque souvent de saveur lorsqu'elle n'a pas un goût de suint assez prononcé et fort désagréable, ce qui arrive fréquemment; leur laine est de qualité inférieure;

La *race de la Marche* et *du Limousin* : les bêtes ovines qui peuplent ces deux provinces appartiennent à la même race; les moutons marchois et les limousins donnent une viande fine et succulente, mais leur toison est de peu de valeur;

La *race des Pyrénées* : sous ce nom on comprend la *race du Larzac*, habitant les altitudes élevées de l'Aveyron et de la Lozère où se produisent les fromages de Roquefort, la *race lauraguaise*, puis les prétendues *races landaise, agenaise, ariégeoise* et *béarnaise*, qui toutes fournissent une viande justement réputée pour sa finesse et sa saveur;

La *race barbarine*, qui habite les rivages de la Méditerranée; ses représentants sont surtout nombreux en Algérie, mais on en rencontre peu en France.

Age.

L'agneau naît ordinairement sans incisives, mais elles poussent en vingt-cinq jours et l'arcade est au rond à trois mois.

Vers dix-huit mois, les pinces de lait sont remplacées par les

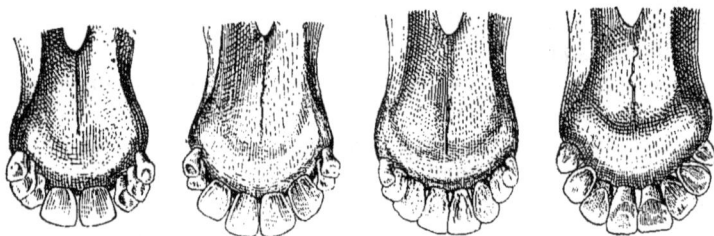

Dix-huit mois.   Deux ans et demi.   Trois ans et demi.   Quatre ans et demi.

pinces d'adulte; l'agneau prend le nom d'*antenais*. A deux ans, remplacement des premières mitoyennes; l'antenais prend le nom de *bélier, mouton* ou *brebis*. De trois ans à trois ans et demi, remplacement des secondes mitoyennes.

A cinq ans, l'arcade est au rond.

A neuf ans, rasement de toutes les incisives.

LE BÉTAIL.   7

Hygiène.

Bergerie. — De tous nos animaux domestiques, le mouton est celui qui s'accommode le moins facilement aux nécessités des habitations closes. Il lui faut le grand air et la liberté, par cela même qu'il vit en troupeaux plus ou moins nombreux. Toutefois, sous notre climat où les nuits d'hiver sont trop froides et les journées d'été trop chaudes, il est indispensable de lui donner un abri et, ce qui importe par-dessus tout, c'est que la température de la bergerie soit fraîche pendant la saison des chaleurs, modé-

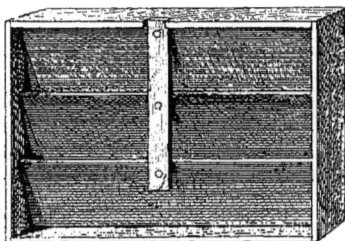

Persienne de bergerie fermée.   Persienne de bergerie ouverte.

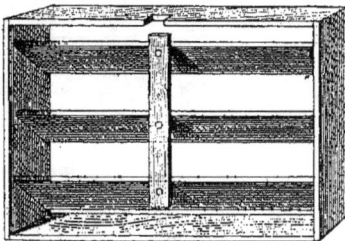

rément chaude en hiver et qu'en tout temps l'air y soit abondant, pur et sec. Cela s'obtient moyennant une orientation convenable, celle de l'est ou celle du midi, un espace suffisant, une ventilation parfaite et une grande propreté du local.

D'une construction simple et très légère, les bergeries peuvent être édifiées avec ou sans plafond. Sous toit, c'est-à-dire sans étage, les bergeries n'ont besoin ni de cheminée d'appel ni d'un grand nombre d'ouvertures; aussi ce mode de construction est-il assez répandu. Du reste, quand certaines circonstances l'exigent, il est toujours facile de transformer une bergerie sous toit au moyen d'un plancher composé de quelques solives sur lesquelles on pose des planches ou des claies, et de revenir au système primitif quand les besoins temporaires ont cessé d'exister.

La bergerie sera toujours établie sur un sous-sol perméable et par conséquent sans humidité, et son aire élevée d'au moins

30 centimètres au-dessus des terrains environnants. Une pente de
1 centimètre par mètre suffit pour l'écoulement des liquides.
Quant à la superficie, elle doit être calculée à raison de 25 déci-
mètres carrés par tête, la place occupée par les mangeoires et les
râteliers non comprise.

Les séparations intérieures nécessaires pour les grands troupeaux, ordinairement composés de plusieurs catégories d'animaux
d'âge et de sexe différents, s'établissent au moyen de claies, de
murs ou de cloisons d'une hauteur de 1^m,30 environ; dans quel-

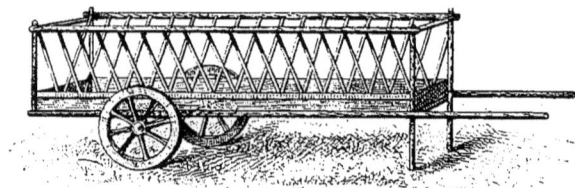

Râtelier-brouette.

ques cas ce sont simplement des râteliers doubles qui forment les
compartiments.

Ainsi que nous l'avons vu, la ventilation s'effectue par les cheminées d'appel et les fenêtres dans les bergeries à plafond et,
dans les bergeries sous toit, par les fenêtres seulement. Ces dernières éclairent d'autant mieux qu'elles sont placées plus haut et
que la longueur domine sur la hauteur. Généralement on les fait
larges et on les place à 1^m,80 ou 2 mètres au-dessus du sol. Si l'on
veut s'en servir pour l'aérage, il faut qu'elles soient faciles à
ouvrir et à fermer. En pareil cas, celles qui s'ouvrent comme des
tabatières ou qui tournent sur un pivot autour d'un axe vertical
passant par le milieu de leur largeur, sont à conseiller. Dans
aucune circonstance on ne doit remplacer les fenêtres par des
volets, qui gênent le service en hiver, ou laisser les baies ouver-
tes, ce qui est pernicieux, surtout pour les bergeries d'élevage.
Tout au plus pourrait-on avoir recours à des persiennes dont les
lames, généralement au nombre de trois, sont réunies par une
tringle en bois qui rend leurs mouvements simultanés.

Râtelier fixe.

Râtelier mobile.

Râtelier circulaire.

Auge à fourrière.

Les râteliers pour les moutons sont simples ou unis à des crèches fixes ou mobiles.

Les râteliers simples sont généralement fixes ; ils présentent de nombreux inconvénients. Les moutons ne peuvent en extraire le fourrage qu'avec beaucoup de peine et en levant la tête très haut, ce qui leur occasionne une grande fatigue ; d'un autre côté, une partie de la nourriture est répandue sur le sol où les animaux la piétinent et la salissent, ce qui constitue une perte sèche pour le propriétaire ; enfin, la poussière tombe dans les yeux, les oreilles ou la laine et gêne considérablement les animaux tout en détériorant la toison. On diminue ces inconvénients en éloignant un peu du mur le bas du râtelier, mais le mieux est de se servir de râteliers mobiles avec crèche, ceux-ci, dans les bergeries où le fumier n'est enlevé qu'une fois par année, pouvant être exhaussés au fur et à mesure qu'augmente l'épaisseur du tas.

Quant aux portes, elles doivent être assez nombreuses, afin d'éviter des accidents, les moutons voulant toujours entrer ou sortir tous à la fois. Il convient de les établir à deux battants, de les faire ouvrir de dedans en dehors et d'en arrondir les montants ; mais des portes d'entrée de 2 mètres de largeur en une seule pièce et glissant sur des rails sont préférables et permettent de régler l'espace qu'on veut laisser à la sortie, ce qui peut avoir lieu, par exemple, lorsqu'on se propose de compter un troupeau.

Afin de préserver les toisons des souillures qui les altèrent, les moutons seront toujours pourvus d'une litière sèche, capable d'absorber les urines tout en les garantissant contre l'humidité et les émanations qui font perdre à la laine son brillant et sa souplesse.

Alimentation. — Le régime alimentaire de l'espèce ovine varie suivant les contrées, les usages, les ressources dont on dispose, etc. Il se présente sous deux formes : la nourriture au pâturage et la nourriture à la bergerie.

Dans le principe, le mouton était essentiellement une bête de pâture et c'est surtout dans les contrées montagneuses, les steppes, les landes, où s'étendent des espaces à peu près exclusivement propres au pâturage, que s'est d'abord développé l'élevage de cet animal. De nos jours, le système pastoral domine encore dans ces régions, tandis que l'espèce ovine se restreint dans les riches vallées et les plaines fertiles.

Pâturages. — En général, ce sont les pâturages élevés, à herbe courte, sur un sol sec et perméable, tels que les terrains sablonneux, calcaires ou pierreux, qui conviennent le mieux au mouton ; cet animal prospère rarement dans les vallées à terrains bas imperméables, humides ou marécageux.

Le nombre de moutons que peut nourrir un pâturage est très variable, et l'on n'a guère à cet égard que des données locales fournies par l'expérience ; ce qu'il y a de certain, c'est que par un bon aménagement des pâtures on arrive à en augmenter les ressources : on doit leur laisser des intervalles de repos, afin que l'herbe reprenne plus de vigueur ; en outre, il est bon d'avoir en réserve, pour le mauvais temps, un pâturage suffisamment garni qui permette au mouton de se rassasier promptement.

La répartition des bêtes du troupeau en divers lots auxquels on attribue différents pâturages, suivant leur nature, est très importante.

On accorde généralement aux agneaux les prairies les plus proches, situées sur un sol sain sans être trop sec, où ils trouvent une herbe courte et épaisse, d'une digestion facile ; les béliers et les mères sont conduits dans un pâturage suffisamment riche et salubre ; les antenais fréquentent des prairies passables, assez éloignées, sur terrain sec ayant une herbe courte et nourrissante ; les moins bons pâturages sont réservés aux moutons qui ne sont pas à l'engrais ; enfin, les pâtures grasses, humides, peuvent être livrées aux moutons d'engrais et aux brebis qui n'ont pas porté.

L'époque du pâturage varie nécessairement avec le climat. Dans le sud de l'Europe, les moutons ne rentrent que très peu de temps à la bergerie ; il en est de même dans les contrées situées plus au nord, mais à température hivernale plus douce, comme l'Angleterre. Dans le centre et le nord de la France et de l'Allemagne, l'hivernage des moutons est plus prolongé.

Pendant les belles journées d'hiver, on laisse sortir les animaux durant quelques heures, mais ce n'est qu'au printemps qu'on commence sérieusement la pâture. L'herbe nouvelle, très aqueuse, convient peu au mouton et le nourrit mal ; il y a donc avantage à attendre qu'elle ait pris un peu de consistance ; d'un autre côté, en commençant le pâturage trop tôt, on s'expose à voir survenir

des froids rigoureux, ce qui force à remettre le mouton au fourrage sec, qu'il refuse quelquefois.

Dans les plaines du centre et du nord de la France, le pâturage
commence en mars ou en avril et se prolonge, suivant les localités, jusqu'au milieu et même à la fin de novembre; sa durée,
dans les régions tempérées de la France et de l'Allemagne, est de
170 à 180 jours.

Les principales précautions à prendre lorsqu'on fait pâturer
sont d'éviter l'herbe mouillée par la rosée du matin, de donner
aux moutons, avant de partir, un léger repas de fourrage sec, de
veiller à ce que le troupeau se désaltère tous les jours; enfin,
quand la chaleur devient trop forte, de l'abriter derrière une haie
ou à l'ombre des arbres.

Dès que les moutons ne trouvent plus au pâturage une nourriture suffisante ou que le mauvais temps arrive, il faut les rentrer
à la bergerie, en ayant soin de préparer la transition de la nourriture verte à la nourriture sèche, comme au printemps on a préparé le passage du régime de la bergerie à celui du pâturage :
tout écart brusque est préjudiciable à la santé des bêtes à laine.

Nourriture à la bergerie. — La nourriture à la bergerie s'effectue au moyen d'aliments spéciaux dont les principaux sont le
foin de prairie naturelle ou artificielle, les vesces, les gesces, le
lupin, les graines de toute espèce, les glands, les racines, les
tubercules, les choux poitevins, les feuilles sèches, les sarments
et les feuilles de vigne, le marc de raisin, les marrons d'Inde,
le son, les tourteaux, les résidus de distillerie, etc., etc. On comprendra que nous ne puissions entrer dans les détails que com-
portent l'importance et la valeur de ces substances alimentaires,
ce qui est dans un pays d'un emploi facile et lucratif pouvant être
dans un autre fort cher et difficile à trouver, de même qu'une
substance favorable à une race de moutons peut être sans effet
utile sur une autre. Cette question doit donc être résolue par les
intéressés seuls qui, mieux que personne, savent apprécier ce
qui tourne à leur bénéfice. Nous nous bornerons à donner quelques
exemples de rations, en faisant remarquer que le régime alimentaire à la bergerie doit être régulier, suffisant et ne pas présenter
ces alternatives d'abondance et de disette qui troublent profondément l'organisme des animaux.

En ce qui concerne la composition des rations, les bêtes ovines sont divisées en deux catégories qui correspondent aux deux systèmes d'élevage que nous connaissons. Nous n'avons pas à nous occuper de celles qui sont nourries au pâturage ; quant à celles qui vivent à la bergerie, il y a lieu de les classer d'après l'âge et le sexe ; les béliers, les brebis mères, les antenais et les agneaux ne devant pas être rationnés de la même façon.

BÉLIERS :

Fourrages secs............................	0 kilog. 500
Betteraves	7 — »
Avoine................................	0 litre 50

Fourrages secs	1 kilog. »
Betteraves mélangées avec des balles de blé..	5 — »
Avoine...........................	0 litre 50

Luzerne	0 kilog. 600
Avoine................................	1 — »
Orge	0 — 600
Pois jarosse	0 — 400
Betteraves	2 — »
Sel....................................	1 gramme.

BREBIS :

Fourrage de prairie artificielle..............	0 kilog. 500
Pois ou vesces...........................	0 — 300
Betteraves	2 — »
Menues pailles...........................	1 — »

Fourrages secs	1 kilog. »
Pulpe de distillerie.......................	6 — »

Fourrages secs...........................	1 kilog. »
Betteraves	4 — »

ANTENAISES :

Menues pailles....................	1 kilog. 500
Betteraves	3 — »

Fourrages secs...........................	0 kilog. 500
Pulpe de distillerie	6 — »

AGNEAUX :

Fourrages secs............................. 1 kilog. 500
Pulpe de distillerie........................ 6 — »
Avoine .... 0 litre 50

Fourrages secs .... 1 kilog. »
Racines .... 1 — »
Avoine .... 0 litre 50

Distribution de la nourriture. — Toutes les indications données
sur ce sujet en ce qui concerne les bêtes bovines (page 79) s'ap-
pliquent exactement au mouton; nous y renvoyons donc le lec-
teur, en insistant seulement sur les avantages de la multiplicité
des repas et la propreté des mangeoires.

Boissons. — Les boissons sont servies aux bêtes à laine dans
des auges ou des baquets en bois ou en fonte, disposés le plus
souvent dans un coin de la bergerie et assujettis entre des
piquets implantés dans le sol, afin qu'ils ne puissent pas balancer
quand ils sont poussés par les animaux. Un mouton de taille
ordinaire peut absorber de 1 à 3 litres d'eau par jour. Il n'y a
point d'inconvénient à laisser boire les animaux à discrétion, mais
il ne faut pas qu'ils endurent la soif, ce qui les porte à prendre
ensuite de l'eau avec excès.

Condiments. — Le sel était autrefois considéré comme indispensable pour l'entretien de l'espèce ovine; aujourd'hui ce condiment ne jouit plus d'une aussi grande faveur, car on a remarqué
qu'il ne produit pas d'effets sensibles. Toutefois, le sel est favorable lorsque les animaux sont nourris avec des fourrages de
médiocre qualité. En général, il ne faut pas en abuser, et il
convient de limiter son emploi à la dose de 1 à 2 grammes par
tête et par jour.

Pansage. — La peau du mouton, préservée des souillures extérieures par la toison, se maintient d'elle-même dans un état de
propreté suffisant pour n'avoir pas besoin, en temps ordinaire,
d'un pansage qui serait d'ailleurs difficile à pratiquer.

Tonte. — La récolte de la laine ou, si l'on veut, la tonte,
est précédée d'un lavage ayant pour objet de débarrasser la toi-

son d'une partie du suint et des impuretés qu'elle peut contenir. L'eau froide ne dissout et n'enlève qu'une partie de la graisse de la laine; pour un lavage complet il faut de l'eau chaude, à laquelle on ajoute des substances alcalines. Ce dernier est toujours fait par le fabricant de tissus ou le filateur. Dans une partie de la France on a conservé l'habitude de ne pas laver les moutons avant la tonte, et leur laine, livrée au commerce dans son état naturel, est dite laine en suint; au contraire, il est des localités

Lavage à dos.

où l'usage de laver est général. Cette opération se pratique également en Espagne et en Allemagne.

Il y a certainement avantage à effectuer le lavage dont il s'agit, car les acheteurs prétextent la saleté de la laine vendue en suint pour l'apprécier au-dessous de sa valeur et l'obtenir à meilleur marché. C'est donc une erreur de croire que l'on gagne sur le poids d'une laine moins propre; il faut au contraire s'efforcer, par un lavage aussi soigné que possible, de la rendre belle et transparente jusqu'à la pointe du brin.

Le lavage se fait ordinairement dans une rivière ou un ruisseau. Dans tous les cas, l'eau, pour ne pas être troublée par les animaux qui toucheraient le fond avec leurs pieds en se débattant, doit s'élever au moins à un mètre.

Le lavage par chute d'eau ou au moyen d'une pompe est encore usité. Les moutons sont placés dans un bassin plein d'eau et le laveur les tient sous la douche, à laquelle il présente toutes les parties du corps.

En dehors de ces procédés naturels, on a encore proposé l'emploi d'une baignoire assez grande et assez profonde pour qu'on puisse retourner l'animal sans le faire sortir de l'eau. Cette baignoire est pourvue de deux fonds séparés l'un de l'autre par un espace de 8 à 10 centimètres. Le fond supérieur est percé de nombreux trous par lesquels passent le sable et la terre qui tombent entre les deux fonds. Pour employer ce mode de lavage, il conviendrait d'avoir deux baignoires semblables : les moutons seraient lavés entièrement dans la première, la seconde servirait à les rincer.

Le lavage à dos doit s'effectuer autant que possible par une belle journée; dès que les moutons sont lavés, il est nécessaire de les placer au soleil sur un gazon, hors de la poussière et de la boue. La dessiccation ne doit pas se faire trop vite, sous l'influence d'un soleil ardent ou de vents secs, car la laine perdrait son moelleux et deviendrait dure et cassante. Il faut éviter également que les moutons soient de nouveau mouillés. Pendant la nuit ou par un temps pluvieux, on les met dans des bergeries spacieuses, garnies d'une litière abondante et propre; on évite surtout qu'ils se souillent contre des objets sales. Si le temps est beau, on peut aussi leur laisser passer la nuit sur des gazons secs et propres où ils doivent pouvoir se coucher à distance les uns des autres. Quand les agneaux tettent encore les mères il est bon de les en tenir éloignés afin qu'ils ne les salissent pas. Si le temps est favorable et si l'on prend toutes les précautions convenables, on peut voir les moutons complètement secs au bout de deux ou trois jours. Les mérinos fins à laine serrée sont ceux qui sèchent le plus lentement; les moutons communs ou à laine mince, le plus rapidement. Lorsque la laine, sur le cou, au poitrail et entre les membres antérieurs n'est plus humide, la dessiccation est complète et l'on peut procéder à la tonte. Récoltée humide, la laine perd de son poids et souffre en magasin, ce qui fait qu'elle est peu recherchée.

La tonte se fait généralement dans les mois de mai ou juin,

suivant la température. Pour pratiquer cette opération, on commence par couvrir la surface du sol d'un lit de paille, sur lequel on étend une pièce de toile. La couche de paille doit avoir assez d'épaisseur pour former une sorte de matelas qui protège les genoux des tondeurs; quelques personnes préfèrent placer l'animal sur une table, après lui avoir lié les quatre membres en un faisceau. Quoi qu'il en soit, l'essentiel est que la tonte soit bien exécutée et que l'instrument tranchant n'ait point entamé la peau.

La tonte s'opère au moyen de longs ciscaux appelés *forces* dont les deux lames maintenues écartées par un ressort se rapprochent lorsqu'on comprime la poignée de l'instrument.

Après la tonte, la surface du corps doit être parfaitement lisse et sans traces du passage des forces ; plus la toison est coupée près de la peau et d'une façon régulière, mieux la laine croît l'année suivante. La toison doit autant que possible former un seul tout ; elle se présente ainsi sous un meilleur aspect et son triage est plus facile.

Détachée du corps de l'animal, la toison est étendue avec précaution sur une table lattée, de manière que les impuretés puissent passer et tomber. Alors, le côté tondu se trouvant en dessous, on sépare les portions de laine malpropres, jaunes ou brunes ; puis, après avoir replié les parties latérales, on roule le paquet suivant sa longueur et on l'attache dans son milieu. Jusqu'à la vente, la laine doit être conservée dans un lieu modérément sec et à l'abri du soleil.

La tonte opérée, il faut éviter de sortir les moutons par un temps froid ; cette précaution est surtout nécessaire pour les agneaux, dont la résistance est d'autant moindre qu'ils sont plus jeunes. Comme chez le bœuf, l'opération qui nous occupe a pour effet de hâter l'engraissement des animaux qui y sont soumis.

Allaitement. — Après l'agnelage, les brebis doivent rester pendant quelques jours à la bergerie, où on leur distribue des boissons blanches, de l'herbe, quand cela se peut, et aussi des racines, une ration d'avoine, de féveroles ou de son.

Dans le système du parcours, les agneaux vont au pâturage avec leurs mères pendant quelques heures, dans les premiers temps, puis finissent par les suivre constamment.

Lorsque le troupeau est nourri à la bergerie, les agneaux occupent un compartiment séparé où ils reçoivent leurs rations supplémentaires : alors on les fait teter à des heures déterminées. Au commencement, la réunion des jeunes avec leurs nourrices a lieu quatre fois par jour, jusque vers le milieu du deuxième mois. A partir de ce moment jusqu'à la fin du quatrième mois, époque du sevrage, les repas vont en diminuant progressivement et l'on finit par ne plus laisser prendre la mamelle aux agneaux que tous les deux jours. De cette manière ils s'habituent à la nourriture solide, si bien que la plupart d'entre eux se sèvrent tout seuls.

Dans certains cas on est obligé de confier un ou plusieurs agneaux à des nourrices étrangères, voire même à des chèvres, et quand ces moyens font défaut, de les nourrir avec du lait de vache ou des bouillies préparées avec de la farine de froment, de pois ou de fèves.

Sevrage. — On prépare le sevrage des agneaux qui ont toujours vécu avec leurs mères en les séparant de ces dernières, pendant quelque temps, pour la nuit. Quant à ceux qui ont eu leurs repas réglés, nous avons vu qu'ils se peuvent sevrer en quelque sorte d'eux-mêmes. Quoi qu'il en soit, la séparation doit être complète dès que les agneaux ont atteint leur quatrième mois.

Dans les contrées où les brebis sont exploitées en vue de la production du lait, le sevrage s'opère un peu différemment. Pendant les premiers mois, les mères sont traites le soir d'abord, puis, plus tard, matin et soir : l'agneau, ainsi rationné, n'a que ce qui reste dans les mamelles. Il va sans dire qu'on laisse aux nourrissons une quantité de lait en rapport avec les besoins de chacun d'eux et que l'on compense le lait enlevé par une ration de grain, de farine ou de tourteaux.

Engraissement des moutons. — Trois modes d'engraissement sont en usage : l'engraissement au pâturage, l'engraissement à la bergerie et l'engraissement mixte.

Engraissement au pâturage. — Cet engraissement se fait dans les contrées où domine la culture des céréales. Achetés vers le mois de mai, les moutons sont d'abord conduits sur les chaumes, puis, au mois de septembre, dans les prairies naturelles ou artificielles dont ils consomment les dernières pousses. C'est ainsi que l'on procède dans la Beauce, la Brie et la Picardie où les moutons sont livrés à la boucherie à partir du milieu de septembre. Dans la Normandie, le Berry et l'Auvergne, les bêtes à laine fréquentent le plus habituellement les prairies naturelles, utilisant l'herbe refusée par les bœufs qui les y ont précédées.

Engraissement à la bergerie. — L'engraissement à la bergerie se pratique pendant la saison d'hiver, d'octobre à avril. Les animaux destinés à cet engraissement ont dû y être préparés par une bonne alimentation antérieure. On les nourrit d'abord avec de la paille d'avoine ou de froment, des betteraves, des navets, des carottes ou des pulpes mêlées à la paille hachée; puis, lorsque les moutons sont en bon état, on remplace les racines et les pulpes par du foin, des pommes de terre et du tourteau ; enfin, quand l'engraissement s'avance et que l'on veut avoir des sujets fins gras, on supprime les aliments humides pour distribuer du foin choisi et des farineux concassés qui donnent plus de fermeté à la chair. Avec des individus bien préparés, l'engraissement à la bergerie est terminé au bout de deux mois. La ration est ordinairement distribuée en deux repas.

L'engraissement des animaux de concours est plus long, plus difficile et par conséquent très coûteux; il ne peut s'exercer que sur des sujets jeunes, précoces et parfaitement conformés ; encore faut-il que, dès le sevrage, ces animaux aient eu un régime très nutritif : vert de bonne qualité auquel on aura joint des farineux. Étant donné que toutes ces conditions favorables sont réunies, on commence par distribuer du foin de choix et des provendes composées de son, d'avoine et de pois concassés ; puis, lorsque les moutons sont arrivés à l'âge d'un an, des pommes de terre cuites écrasées avec de la farine d'orge, de maïs ou de féveroles. Enfin, dans la dernière période d'engraissement, les aliments les plus substantiels doivent former la ration. Deux mois avant l'époque du concours, on soumet les animaux à la tonte et on les lave avec soin, afin que la laine soit blanche et que la peau apparaisse avec sa teinte rosée.

Engraissement mixte. — Ce système est le résultat de la combinaison des deux autres. Dans ce mode d'engraissement, les moutons fréquentent le pâturage pendant le jour et reçoivent matin et soir, à la bergerie, des rations composées d'éléments dont la nature varie forcément avec les localités.

Engraissement des agneaux. — Les agneaux gras sont généralement exploités aux environs des grandes villes et dans les fermes où l'on peut nourrir abondamment les brebis avant l'agnelage et pendant l'allaitement. Dès que les agneaux atteignent l'âge de cinq semaines et qu'ils commencent à manger du foin, on leur distribue une ration composée de pois et d'avoine concassés ou de pommes de terre en mélange avec du son et de l'avoine broyée, et, afin que les brebis ne s'emparent pas de la nourriture destinée aux jeunes, on enferme les premières dans un compartiment limité par des claies à travers lesquelles les agneaux passent à volonté pour prendre la mamelle. On continue le régime indiqué plus haut jusqu'à la fin de l'engraissement, en augmentant progressivement la ration de grain. En général, les agnelles, dont la chair est plus blanche, plus délicate et plus recherchée, sont engraissées de préférence.

Les agneaux qui naissent dans le mois de décembre et qui sont bien allaités et bien nourris peuvent être vendus vers le mois de mars ou le mois d'avril.

Castration. — Le but de la castration est de rendre le mouton plus docile, plus apte à s'engraisser et à se couvrir d'un lainage fin et abondant. La chair du mâle que l'on a soumis de bonne heure à cette opération est tendre, savoureuse et nutritive. Elle est imprégnée de graisse et dépourvue de cette odeur forte et désagréable qui caractérise celle de l'animal conservé entier.

L'âge auquel il convient de châtrer les agneaux est la première quinzaine de leur vie ou le premier mois au plus; on diffère quelquefois l'opération jusqu'au cinquième ou sixième mois, mais alors elle offre moins de chances de réussite.

La castration n'est pratiquée tardivement que sur les béliers, lorsqu'ils sont devenus impropres à la reproduction.

Il faut choisir pour cette opération une température douce; la chaleur est favorable à la gangrène et le froid retarde la cicatrisation des plaies.

Utilisation du lait.

Le lait de brebis n'est pas utilisé en nature, mais il sert à la fabrication de fromages très estimés, parmi lesquels celui de Roquefort tient la première place en raison de sa saveur délicate. Ce produit est fourni par plus de deux cent mille brebis réparties sur le plateau du Larzac dans l'arrondissement de Saint-Affrique. Les troupeaux qu'elles forment tiennent les pâturages depuis le mois d'avril jusqu'à la fin de novembre ; ils parquent pendant la nuit, excepté dans les périodes de pluie ; en hiver ils restent dans les bergeries dont on les sort seulement pendant quelques heures, après le lever du soleil. Les agneaux naissent en mars ; on garde les agnelettes et les mâles nécessaires à l'entretien du troupeau ; le reste est livré à la boucherie à l'âge de trois semaines.

La traite des brebis s'effectue deux fois par jour ; les mois de mai et juin sont considérés comme l'époque du plus fort rendement ; on évalue à 1 million de kilogrammes le fromage fabriqué dans une année tant à Roquefort qu'aux environs de cette localité. Une brebis portière du Larzac en fournit annuellement 8 à 9 kilogrammes et produit en moyenne une rente de 23 francs par son lait, sa laine et l'agneau qu'elle donne.

IV. — LA CHÈVRE.

La chèvre est un ruminant de la même famille que le mouton, dont elle possède toutes les aptitudes ; cette espèce fournit comme produits son lait, sa viande et son poil, celui-ci très précieux et le plus estimé.

Races.

Les principales races caprines sont la race d'Europe et les races de l'Orient.

Race d'Europe. — Le groupe des chèvres appelées communes habite exclusivement l'Europe. On connaît en France plusieurs

Chèvre commune.

variétés de cette race dont les individus se distinguent les uns des autres par leur taille, leur couleur, leur pelage et diverses

Chèvre de Cachemire.

autres particularités. Nous possédons plus de 1 400 000 chèvres évaluées ensemble à 12 000 000 de francs. Le Sud-Est exploite à lui seul plus de la moitié de ce nombre et la Corse en compte 120 000.

Races de l'Orient. — Il existe en Orient deux races de chèvres : celle de Cachemire et celle d'Angora.

La race de Cachemire se rencontre dans le Thibet, l'Himalaya et
principalement aux environs de Cachemire. Sa toison, fort remarquable, est composée de deux sortes de poils : les uns rudes, gros,
plus ou moins longs et couvrant une partie des jambes, et les

Chèvre d'Angora.

autres doux, soyeux, situés entre les premiers et désignés sous le
nom de duvet.

La race d'Angora se trouve en Asie Mineure, dans les montagnes de l'Anatolie et surtout aux environs d'Angora.

Les chèvres d'Angora sont généralement blanches; elles ont
une toison composée de poils très fins, ce qu'indique le nom de
chèvres à laine qu'on leur a donné.

Les considérations relatives à l'âge de la chèvre sont celles que
nous avons indiquées pour le mouton (page 97).

Hygiène.

Chèvrerie. — Les chèvres sont généralement logées avec les
moutons ou le reste du bétail, quand elles ne sont pas reléguées

dans un réduit obscur où elles manquent d'air et croupissent dans la saleté. Cependant elles réclament, pour donner beaucoup de lait, une habitation bien disposée dans laquelle circulent l'air et la lumière et dont la température soit tiède en hiver et fraîche en été. Les cultivateurs qui en possèdent un grand nombre doivent donc leur destiner un logement particulier. On admet généralement que 20 mètres carrés de superficie suffisent pour loger vingt chèvres de façon à ce qu'elles puissent être à leur aise et respirer facilement.

Les chèvres aiment la litière sèche et propre; le terrain nu et dur leur plaît mieux qu'une couche humide.

Il faut éviter de mettre des fourrages au-dessus de la chèvrerie, car les planchers, lorsqu'ils sont mal joints, laissent tomber des saletés qui nuisent aux animaux. D'un autre côté, les émanations de la chèvrerie sont préjudiciables aux fourrages et les détériorent promptement.

On ne doit pas non plus faire manger les chèvres dans un baquet, mais installer des râteliers et des crèches divisées en auges. Il est bon aussi d'avoir des compartiments séparés, afin d'y enfermer les femelles pleines et celles qui ont des chevreaux.

Alimentation. — Suivant les localités et l'état des cultures, on nourrit les chèvres au pâturage ou à la chèvrerie.

Nourriture au pâturage. — Le régime du pâturage n'est mis en pratique que dans les pays où, en raison de la stérilité du sol, on n'a pas à craindre les déprédations des chèvres.

Il existe des contrées où le système pastoral est seul en vigueur; de ce nombre sont le Midi, les Pyrénées et l'Espagne. Dans le sud de l'Europe les chèvres ne rentrent que fort peu à la bergerie; au contraire, dans les régions où le froid est trop vif, on les fait hiverner à la chèvrerie d'où elles ne sortent qu'aux heures les plus chaudes de la journée. Dans le centre de la France le pâturage, commencé en mars, se prolonge jusqu'en novembre.

L'espèce caprine préfère les montagnes, les ravins, les lieux escarpés et les terrains un peu arides aux pâturages fertiles. Les friches, les bruyères, les landes et les genêts constituent ses pâtures favorites. D'autre part, et malgré sa rusticité, la chèvre craint les marécages, l'humidité et les brusques intempéries.

Dans les pays de plaine, où la propriété est généralement morcelée, on fait pâturer les chèvres en les attachant à un piquet au moyen d'une corde.

Nourriture à la chèvrerie. — Bien que d'une humeur vagabonde, les chèvres supportent très bien le régime de la chèvrerie, et la preuve est que dans le Mont-d'Or douze mille de ces animaux, nés pour la plupart à l'étable, n'ont jamais été sortis.

Les aliments distribués aux chèvres sont : la luzerne, le trèfle, la gesce, la vesce, les feuilles de choux, le son, les tourteaux mêlés avec les tubercules et les racines, le marc de raisin, les pommes de terre, les drèches, la pulpe de betterave, le tourteau de noix, les feuilles d'arbres, etc.

Dans le Lyonnais, les feuilles de vigne récoltées après la vendange et conservées à la manière du marc de raisin dans des cuves au couvercle scellé avec de la terre glaise, entrent pour une grande part dans la ration. Il en est de même des soupes ou lavailles préparées avec des betteraves, des pommes de terre et des glands dans de l'eau de vaisselle, du son ou de la farine et distribuées quand on manque d'herbe fraîche.

Les chèvres font quatre repas pendant l'été et trois seulement pendant l'hiver. Il importe de leur accorder une ration copieuse, les aliments qui leur conviennent étant peu coûteux et toujours faciles à trouver.

Quant aux *boissons*, ces animaux doivent toujours avoir de l'eau pure à leur disposition, afin de pouvoir se désaltérer à leur gré ; on peut ajouter à l'eau dont on les abreuve quelques grammes de sel à titre de condiment.

Pansage. — Les soins de propreté sont très favorables aux chèvres ; celles qui sont peignées et brossées tous les jours donnent un meilleur lait et ont une chair plus délicate ; au contraire, les sujets négligés sous ce rapport sont souvent atteints de démangeaisons, de maladies cutanées et donnent peu de produits.

Récolte du poil. — La récolte du poil se pratique de deux manières : par le peignage et par la tonte. La première consiste à enlever tous les deux jours avec un peigne le duvet qui tombe au printemps. On reconnaît que le moment est propice lorsque le

poil se pelotonne et se détache. Le peignage dure de huit à qua-
rante jours suivant les animaux; en Russie on fait une récolte de
duvet tous les mois.

La tonte est la seconde manière de récolter le poil; c'est la plus
facile et la plus expéditive. On tond en avril les chèvres des pays
chauds, et celles de France à la fin de mai. Il serait à désirer que
cette pratique s'étendît davantage chez nous. Le poil de nos races
communes sert à faire des cordages, des tresses et des chaussons
de lisière; celui des chèvres d'Angora et de Cachemire est uniquc-
ment destiné à la fabrication des châles si renommés dont tout le
monde connaît la valeur.

Allaitement. — Les chevreaux sont habituellement séparés de
leurs mères dès la naissance; alors on les fait teter quatre ou cinq
fois par jour, autant que possible à des heures fixes. La durée de
l'allaitement varie suivant les localités; le plus généralement c'est
à l'âge de vingt ou trente jours que sont sevrés ces animaux; toutefois il y a avantage à attendre deux mois si l'on veut qu'ils
acquièrent plus tard de belles formes.

Sevrage. — Dans le Mont-d'Or où l'on exploite les chèvres en vue
de la production du lait, le sevrage a lieu vers l'âge de cinq à six
semaines et se fait brusquement. Pendant les premiers jours on
donne encore aux chevreaux du lait, puis du petit-lait qu'on
diminue graduellement pour le remplacer par des bouillies et des
soupes, enfin on les met au régime des aliments solides. Cette
manière d'opérer a pour effet d'arrêter le développement des
jeunes sujets, tandis qu'en les habituant dès les premiers jours
à manger des farineux, de l'herbe et des racines, ils s'aperçoivent
moins du changement et se sèvrent tout seuls.

Engraissement des chevreaux. — La meilleure manière d'engraisser les chevreaux consiste à pratiquer l'allaitement artificiel
avec des œufs, de la farine délayée dans du lait pur ou coupé et
ensuite dans de l'eau. Les aliments fibreux que l'on donne trop
souvent à ceux que l'on conserve pendant un certain temps rendent la viande dure; au contraire, lorsqu'ils ont suivi le régime
des farineux, leur chair est grasse, succulente et se rapproche
beaucoup de celle de l'agneau.

Engraissement de la chèvre. — Sacrifiée de bonne heure après avoir été engraissée soigneusement avec des farineux ou des fèves, ainsi que cela se pratique dans quelques pays, la chèvre est susceptible de donner une viande de bonne qualité, souvent difficile à distinguer de celle du mouton. Si la chair de cet animal est peu recherchée et plus que médiocre, cela tient uniquement à ce que l'on ne se donne pas la peine de le nourrir d'une façon convenable et qu'on attend la vieillesse et l'épuisement pour le livrer à la consommation.

Castration. — Les considérations relatives à la castration des agneaux se rapportent en tous points à la castration des chevreaux.

Les mâles de l'espèce caprine ne peuvent être utilisés que comme reproducteurs; aussi sont-ils sacrifiés, pour la plupart, à vingt-cinq ou trente jours. Mais si l'on doit pratiquer la castration sur ceux qu'on veut garder, c'est vers l'âge de six semaines qu'il convient d'y avoir recours.

Les chevreaux châtrés de bonne heure et que l'on élève pour la boucherie sont appelés *menons*. On les trouve surtout en Afrique et dans les Pyrénées.

Les boucs qui ont servi à la monte sont généralement opérés à trois ans.

Utilisation du lait.

Le lait de la chèvre joue un très grand rôle dans l'alimentation; ses qualités spéciales le font rechercher tant pour les enfants que pour les malades et les personnes affaiblies. Les affections de la poitrine et celles de l'estomac surtout réclament son emploi; les propriétés bienfaisantes dont il jouit n'ont pas échappé à nos ancêtres, puisque la tradition nous montre Esculape toujours suivi d'un chien et d'une chèvre, le chien pour lécher les plaies et la chèvre pour guérir les malades au moyen de son lait.

Ce produit entre également dans l'alimentation ordinaire de l'homme, soit en nature, soit converti en fromage.

La sécrétion du lait chez les chèvres est très active et très rémunératrice. Dans le Mont-d'Or, on opère la traite deux fois par jour, le matin et le soir; il est quelquefois nécessaire de la pratiquer une fois de plus à midi pour les bonnes laitières. Le rendement en lait dépend nécessairement du développement des mamelles. Les chèvres du Poitou, qui ne reçoivent rien à l'étable et cherchent leur vie au pâturage, en donnent 12 litres par semaine.

Contrairement à ce qu'on pourrait croire, la gestation n'est pas absolument indispensable pour provoquer la sécrétion laiteuse. Il existe des moyens, employés depuis fort longtemps, pour déterminer la production du lait chez les chèvres qui refusent de recevoir le bouc. En fouettant le pis avec des orties quatre ou cinq fois par jour pendant une semaine, on provoque l'irritation des mamelles qui se gonflent et laissent écouler un liquide sanguinolent, lequel ne tarde pas à se changer en lait. La traite journalière et une alimentation convenable entretiennent la production du lait qui n'éprouve pas d'interruption comme chez les chèvres qui portent tous les ans. Cet usage subsiste dans le nord de l'Italie. Toutes les femelles domestiques soumises à ce traitement artificiel peuvent ainsi donner du lait.

Fromages. — Le lait de la chèvre sert à la fabrication de fromages fort réputés. Cette industrie s'exerce principalement dans l'Ain, dans l'Isère et dans les départements limitrophes de celui du Rhône; elle existe également dans les Pyrénées, les Alpes et les plaines du Poitou.

V. — LE PORC.

Le porc est essentiellement un animal de boucherie. Sa fonction unique est de fournir à la consommation sa chair et sa graisse.

Races.

L'espèce porcine a produit un très grand nombre de variétés qui tendent encore à augmenter sous l'influence des croisements.

Nous allons d'abord décrire les trois types qui existent en Europe et nous nous occuperons ensuite de quelques métis.

Le premier type est d'origine asiatique, le second provient de l'Europe méridionale, le troisième appartient à la France.

Race asiatique. — Cette race, connue en Europe sous les noms divers de *race chinoise, tonquine, siamoise,* etc., a été

Porc de Siam.

introduite chez nous depuis fort longtemps ; on lui reproche d'être mauvaise marcheuse et de donner un lard mou et de qualité inférieure.

Race napolitaine. — La race dont il s'agit, encore dite *race de Malte, race espagnole*, parce qu'elle est très répandue dans les îles de la Méditerranée et en Espagne, se trouve également dans les Pyrénées françaises.

La race napolitaine vit une grande partie de l'année en liberté dans tous les pays qu'elle occupe. C'est à cette race qu'on a souvent demandé les animaux reproducteurs par lesquels on a amélioré les anciennes races porcines anglaises.

Race celtique. — Avant l'introduction des races asiatique et napolitaine, la race celtique peuplait non seulement l'ancienne Gaule, mais encore les îles Britanniques. C'est à ce type qu'appartiennent les cochons dits de *race commune*, si répandus chez nous et dont on a des tendances à faire autant de variétés qu'il y a de provinces. Parmi les races qu'on s'est plu à distinguer, nous citerons les porcs normands, craonnais, lorrains, périgourdins et bressans.

Le *porc normand* s'engraisse très bien et donne une chair d'excellente qualité.

Le *porc craonnais*, aussi appelé *porc angevin*, est très répandu

Truie normande.

dans la Mayenne, la Sarthe, le Maine-et-Loire, la Vendée, les Deux-Sèvres et les Charentes. Il est remarquable par sa taille et sa finesse.

Le *porc lorrain* se rencontre surtout dans les départements de

Porc craonnais.

la Meurthe et de la Moselle. Il se développe lentement, parce qu'il est ordinairement mal nourri, mais la viande et le lard qu'il fournit sont très recherchés.

Le *porc périgourdin* est bon marcheur et possède un odorat très fin; on l'emploie pour découvrir les truffes, ce qui lui a valu le nom de *truffier*.

Le *porc bressan* habite la Bresse, les Dombes, le Bugey, le Mâconnais, le Beaujolais, le Dauphiné, le Bourbonnais, la Franche-Comté, etc. Cette variété est tardive et donne une viande un peu trop ferme. Les défauts du porc bressan sont compensés par la grande fécondité des truies et leur qualité de bonnes nourrices.

Porc périgourdin.

Métis. — Avant de parler des métis, nous ferons observer que les trois races précédemment décrites se distinguent par la forme des oreilles qui sont petites, pointues et dressées dans le type asiatique; pointues mais plantées horizontalement dans le type

Porc de Yorkshire.

napolitain; longues, larges et tombantes dans le type celtique. Il résulte de là que, par la simple inspection des oreilles, on peut reconnaître la race étrangère qui a contribué à fournir les métis. Parmi ceux-ci nous citerons le *porc de Yorkshire*, élevé dans les comtés d'York, de Lincoln et de Lancastre, et qui se distingue par sa précocité et son aptitude à l'engraissement; le *porc new-lei-*

cester, encore plus précoce que le précédent et qui peut atteindre son complet développement en dix mois.

Quant aux métis français, ils sont très nombreux, les variétés anglaises ayant été introduites chez nous dans toutes les régions de production.

Hygiène.

Porcherie. — L'espèce porcine est peu susceptible de subir l'influence des froids; la preuve en est qu'elle a été transportée du midi au nord, de l'extrême Orient en Occident, sans avoir éprouvé aucun malaise apparent; par contre, elle est très sensible à l'ac-

Truie du New-Leicester.

tion de la chaleur. Une température élevée, pour peu qu'elle soit continue, trouble à ce point la respiration des cochons qu'elle a pour conséquence presque infaillible de les faire périr asphyxiés. Pour cette raison, l'atmosphère de la porcherie doit être douce en hiver et fraîche en été.

Dans les pays du nord, l'habitation du porc est exposée au midi; elle est exposée au nord dans les contrées méridionales. Avec des ouvertures bien ménagées sur ses diverses faces, on établira une ventilation suffisante pour maintenir l'atmosphère intérieure au degré convenable.

Les porcheries bien établies sont divisées en loges ou compartiments par des murs à hauteur d'appui. Ces loges s'ouvrent sur un couloir en face duquel se trouve aussi l'auge où l'on dépose la nourriture; parfois cette auge est placée du côté du mur exté-

rieur, vis-à-vis d'une espèce de volet qui se lève pour permettre
de distribuer les aliments du dehors. Il y a des porcheries à double rangée de loges et, dans ce cas, le cou-
loir est central suivant le grand axe du
bâtiment; d'autres n'en ont qu'une seule
rangée. Quoi qu'il en soit, leur élévation
doit être plus grande dans les climats
chauds que dans les climats tempérés ou
froids, parce que dans les premiers une ventilation active est absolument nécessaire en
été et qu'on peut alors y percer des ouvertures nombreuses et plus larges.

L'espace qu'il convient d'attribuer à chaque animal est de 3 à 4 mètres carrés pour
la truie portière, de 3 mètres carrés pour
le verrat et de $1^{mq},50$ à $1^{mq},75$ pour le porc
à l'engrais.

C'est une erreur de croire que le porc se
complaît dans la saleté et qu'il n'y a pas

Auge à volet.

lieu de se préoccuper du nettoyage de sa loge; s'il se vautre dans
le fumier, c'est simplement pour y rechercher la fraîcheur dont il
a besoin et qu'on
doit lui procurer
dans les meilleu-
res conditions de
propreté possi-
bles.

L'aire de la
porcherie doit
être ferme, unie
et disposée de
telle sorte que
les liquides et les
déjections puis-
sent s'en écouler

Auge circulaire pour porcelets.

facilement par des lavages en été, par des balayages en hiver. Le
bitume, qui dispense de litière, convient parfaitement pour former
l'aire dont il s'agit; on peut également avoir recours à un plancher

à claire-voie composé de madriers recouvrant une fosse qui reçoit les déjections. Cette dernière disposition n'est à recommander, au point de vue de la salubrité, que si la fosse peut être curée très fréquemment.

Il importe que les loges à porcs ne soient point humides, si l'on veut éviter le rachitisme et la scrofule qui déciment trop souvent

Auge à porcelets de M. Pavy.

les porcelets. Une porcherie salubre doit être toujours sèche, quelque temps qu'il fasse. Les murs, qu'il convient de blanchir à la chaux au moins une fois l'an, doivent être revêtus d'un crépissage solide, de manière à pouvoir être nettoyés sans difficulté.

Les auges en pierre dure, en ciment ou en fonte conviennent très bien pour les porcs; elles ne retiennent rien des matières organiques, peuvent être facilement lavées et ne contractent point de mauvaise odeur.

Alimentation. — Nos cochons domestiques sont omnivores; c'est-à-dire qu'ils peuvent se nourrir indifféremment de matières végétales et de matières animales.

Les aliments que nous avons passés en revue en traitant des autres espèces conviennent également au porc ; nous n'examinerons ici que ceux qui sont spécialement consommés par eux, en y ajoutant ce qui concerne les matières animales.

Le *gland* du chêne compose presque, à lui seul, la nourriture des porcs qui vont dans les forêts ; alors il est mangé à l'état frais avec ses enveloppes. Dans certaines localités on le récolte pour le faire dessécher et le conserver décortiqué ou dans sa capsule.

La *faîne*, ou fruit du hêtre, est oléagineuse ; on l'exploite pour l'extraction de l'huile ; elle laisse dans ce cas un résidu ou tourteau. Les porcs la consomment entière où ils la trouvent ; elle possède les mêmes propriétés que le gland.

La *châtaigne*, très employée dans le centre de la France, constitue aussi un excellent aliment pour les cochons, qu'elle soit consommée à l'état vert ou à l'état sec, crue ou cuite, avec ou sans son écorce.

La *citrouille* ou *potiron*, quoique peu nutritive, est très recherchée par ces animaux.

Les *pommes*, les *poires* et les *prunes*, lorsqu'elles ont subi un commencement d'altération qui les rend impropres à la consommation de l'homme, sont avantageusement distribuées à l'espèce porcine.

Matières animales. — Ces matières sont le petit-lait, les eaux du lavage de la vaisselle contenant les restes des repas et les débris de la cuisine ; enfin, les viandes inférieures fournies soit par la boucherie, soit par les clos d'équarrissage.

Le *petit-lait*, ou résidu de la fabrication du beurre et du fromage, est un bon aliment, capable d'entretenir à lui seul les jeunes porcs qui le reçoivent en quantité suffisante.

Les *eaux grasses* de vaisselle ont une valeur nutritive très variable et en rapport avec les déchets qu'elles contiennent ; dans tous les cas le porc s'en régale.

Les *viandes de cheval* ou d'autres animaux, lorsqu'elles sont distribuées d'une manière trop exclusive, présentent l'inconvénient de donner un lard peu ferme, difficile à garder par la salaison et une chair également molle et peu savoureuse.

Ces viandes ne peuvent être utilisées convenablement qu'à la condition de n'entrer que pour une part dans la ration journalière des cochons. De plus, il est nécessaire de soumettre les débris cadavériques de toute sorte à une cuisson assez prolongée, afin de préserver les animaux qui les consomment de la *trichinose*. Cette maladie, observée surtout chez les porcs d'Allemagne, est caractérisée par la présence dans l'épaisseur de certains muscles de trichines, petits vers filiformes, longs d'une fraction de millimètre, enroulés en spirale et infestant par myriades les individus atteints. Il est impossible de déceler la présence de ces vers sur l'animal vivant dont ils ne semblent point troubler la santé, et l'examen microscopique seul permet de reconnaître cette redoutable affection.

L'homme contracte la trichinose en consommant la viande du porc, et ce dernier s'infeste en mangeant des excréments humains ou des débris de viande trichinée. Or, comme les trichines ne résistent pas à une température de 70°, il en résulte que la contamination du porc sera évitée si l'on a soin de faire cuire la viande qu'on lui destine. Quant au danger résultant de l'ingestion des excréments, il pourra être écarté si, dans les pays où les nécessités agricoles exigent que les porcs soient conduits au dehors, on établit partout des fosses d'aisance au lieu de disséminer les matières fécales un peu de tous côtés. Ce que nous disons de la trichinose s'applique en tous points à la *ladrerie*, malheureusement si commune dans certaines régions, et qui, elle aussi, est due à l'ingestion par les porcs d'excréments humains renfermant des œufs de ténia (ver solitaire). Arrivés dans le tube digestif, ces œufs mettent en liberté les embryons qu'ils contiennent. Ceux-ci, grâce aux crochets dont ils sont pourvus, traversent les parois de l'estomac ou de l'intestin et se dispersent dans toutes les régions de l'organisme, provoquant la formation de vésicules (grains ou graines de ladre) qui caractérisent la maladie qui nous occupe.

Préparation des aliments. — Nous venons de faire connaître les motifs pour lesquels les matières animales doivent être administrées cuites aux porcs; des considérations d'un autre ordre exigent qu'il en soit de même pour les matières végétales. L'aptitude digestive chez cette espèce dont la capacité de l'estomac est relativement faible et l'intestin peu développé en longueur, a besoin d'être favorisée; or, la cuisson rend les aliments plus assimilables, de même que la fermentation leur communique une acidité qui excite l'appétit des animaux. La cuisson et la fermentation sont donc des préparations avantageuses qui permettent aux cochons de tirer le meilleur parti possible des aliments qu'ils consomment. L'expérience a démontré, en effet, que de deux lots égaux d'animaux nourris avec les mêmes substances végétales, données crues à l'un et cuites à l'autre, c'est celui qui reçoit les aliments cuits qui prend le plus rapidement du poids.

Lorsque la ration est composée d'aliments un peu fades, on l'assaisonne avec du sel, afin de la rendre plus agréable au goût.

Nous donnons ci-dessous quelques types de rations.

GORETS APRÈS LE SEVRAGE :

Pommes de terre cuites.....	1 kilog.	»
Farine d'orge..............	1 —	300
Bouillon	1 —	500

Pommes de terre cuites.....	2 kilog.	500
Lait écrémé...............	0 —	100
Eaux grasses..............	4 —	»

Les eaux grasses peuvent être remplacées en partie par du petit-lait, la farine d'orge par du son, par du tourteau, et les pommes de terre par des racines ou d'autres tubercules.

TRUIES ET VERRATS. — *Régime d'hiver* :

Pommes de terre...........	2 kilog.	500
Carottes	0 —	500
Farine d'orge	0 —	500
Viande cuite..............	0 —	250
Eaux grasses..............	8 —	»

Pommes de terre	4 kilog.	»
Farine d'orge.....	0 —	500
Tourteau.................	0 —	100
Son......................	0 —	100
Eaux grasses..............	5 —	»

Pommes de terre..........	3 kilog.	»
Citrouille........	1 —	500
Farine d'orge	1 —	500
Petit-lait.................	2 —	»
Eaux grasses..............	3 —	»

Pommes de terre........... 2 kilog.   »
Maïs cuit................. 1   —   »
Citrouille................ 1   —   »
Farine d'orge............. 0   — 500
Carottes.................. 2   —   »
Eaux grasses............. 6   —   »

Régime d'été :

Farine d'orge............. 1 kilog. 500
Son...................... 0   — 500
Ortie.................... 4   —   »
Petit lait............... 3   —   »
Eaux grasses. 4   —   »

Son...................... 0 kilog. 500
Remoulage................ 1   —   »
Tourteau................. 0   — 250
Viande................... 0   — 300
Eaux grasses............. 7   —   »

Farine d'orge .... 1 kilog.   »
Pommes de terre.......... 3   —   »
Tourteau................. 1   — 500
Trèfle................... 4   —   »
Petit-lait............... 2   —   »
Eaux grasses............. 4   —   »

Pommes de terre.......... 4 kilog.   »
Farine d'orge 1   —   »
Glands................... 1   —   »
Feuilles de betterave........ 2   —   »
Petit-lait............... 2   —   »
Eaux grasses........... 4   —   »

Il est bien entendu que les chiffres indiqués dans les exemples
de ration qui précèdent ne représentent que des quantités relatives ou des rapports entre les éléments qui les composent. Quant
à la quantité totale, elle dépend du poids vif de l'animal à nourrir.
En principe, plus celui-ci mange, plus vite il engraisse, de sorte
qu'il n'y a d'autre règle à la détermination de la ration journalière
que la limite de son appétit.

Distribution de la nourriture. — On doit distribuer la nourriture
au porc de manière à exciter sans cesse son appétit; on arrive
à ce résultat en multipliant les repas et en divisant la ration, de
telle sorte que les aliments les plus savoureux succèdent à ceux

qui le sont moins. Le matin, par exemple, on donne la plus grande
partie des matières solides cuites; l'après-midi, surtout en été, le
repas est principalement composé de liquides frais et de fourrages
verts. Le soir enfin, on administre les eaux grasses avec le reste
de la pâtée formée des tubercules et des farineux.

Pour les porcs à l'engrais, à mesure que l'engraissement avance,
on augmente dans la ration la proportion des farineux, du maïs ou
des châtaignes, en réservant ces aliments préférés pour le repas
du soir.

Afin d'éviter des pertes, lorsque ces animaux ont fait des restes,
on ajoute ceux-ci aux substances pour lesquelles ils se montrent
le plus friands et on les donne au repas suivant.

Bains. — Il est très utile et même souvent indispensable que
les porcs puissent se baigner en été. Ceux qui vont chercher leur
nourriture au dehors trouvent le moyen de satisfaire leur instinct à
cet égard. Il convient de mettre à la disposition des sujets qui
vivent à la porcherie une mare ou un réservoir d'eau. Dans ce cas,
on a soin de planter des arbres sous lesquels les animaux puissent
se mettre à l'ombre. Le sureau remplit très bien ce but.

Les bains sont favorables aux porcs, tant par la fraîcheur qu'ils
leur procurent que parce qu'ils les mettent à l'abri des démangeaisons dues à la malpropreté et qui retardent leur engraissement.
Lorsqu'on ne peut pas faire baigner ces animaux, on doit avoir
recours au lavage de la peau avec de l'eau savonneuse.

Allaitement. — Pendant les trois ou quatre premiers jours, il
est nécessaire de surveiller l'allaitement des gorets afin de savoir
si la mère leur laissera prendre la mamelle. Durant ce temps, les
petits sont mis à part et présentés à la nourrice cinq ou six fois
par jour. Quand on a acquis la certitude que tout ira bien, il n'y a
plus d'inconvénient à laisser vivre la famille en commun.

L'allaitement de cette espèce dure rarement plus de deux mois.
Dès que les porcelets sont assez forts, c'est-à-dire vers l'âge de
quinze jours, on leur donne du lait écrémé ou du petit-lait auquel
on ajoute des farines et l'on augmente progressivement les rations
en les habituant à rester séparés de leurs mères.

Sevrage.— Dans la semaine qui précède le sevrage, on ne laisse plus teter les gorets que deux fois par jour, puis une seule fois seulement. A mesure que la quantité de lait diminue, les jeunes prennent plus de nourriture, de sorte qu'ils sont sevrés sans s'en apercevoir.

Engraissement. — L'engraissement du porc se fait suivant deux procédés : d'abord à la glandée dans les forêts ou au parcours dans les champs, puis à la porcherie pour le terminer, et

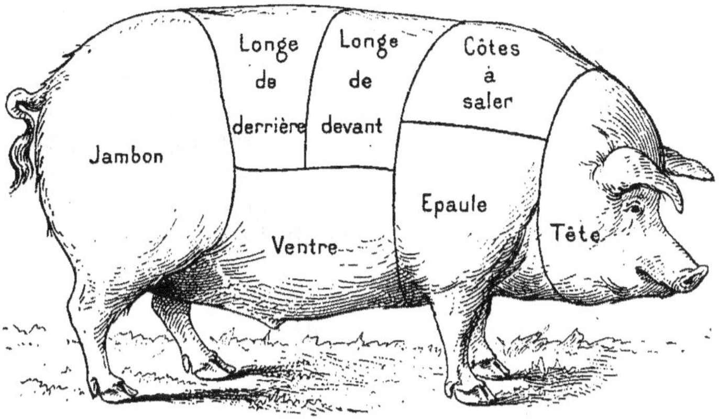

Coupe du porc.

à la porcherie exclusivement. C'est le procédé mixte le plus fréquemment usité.

Castration. — Il est d'usage de pratiquer la castration sur les porcs qu'on destine à l'engraissement, cette pratique ayant pour effet de rendre la chair de ces animaux beaucoup plus savoureuse.

C'est généralement à l'âge de trois semaines ou un mois, pendant l'allaitement des porcelets, qu'on exécute sur eux cette opération, laquelle n'offre aucun danger si elle est pratiquée par une personne expérimentée.

Souvent on y a recours pour les adultes, truies et verrats, qui ont servi à la reproduction et qu'on veut engraisser.

VI. — LE CHIEN.

Le chien est, avec le porc, l'animal le plus anciennement domestiqué, ce dont témoignent ses restes trouvés dans les habitations lacustres de l'âge de pierre.

Sans le chien, l'homme aurait difficilement établi son empire; aussi, ce précieux auxiliaire doit-il être considéré comme l'un des premiers éléments du progrès de l'humanité. D'abord employé à la chasse, il fut aussi un instrument de guerre entre les mains de différents peuples de l'antiquité qui en avaient formé des cohortes redoutables. Plus tard, le chien eut pour mission de garder les troupeaux et l'on se rend compte du rôle important qu'il a dû jouer chez les peuples pasteurs.

D'ailleurs, compagnon fidèle de l'homme, il a suivi ce dernier dans toutes ses migrations, partageant ainsi sa bonne comme sa mauvaise fortune.

Les fonctions économiques du chien sont multiples : cet animal est employé à la garde des bestiaux et des habitations; il chasse le gibier, plonge pour sauver l'homme qui se noie, guide ou recherche les voyageurs perdus dans les neiges, conduit l'aveugle, tourne la roue du cloutier. Enfin, dans certains pays du nord, et notamment chez les Esquimaux, il est attelé à des traîneaux chargés de voyageurs et de marchandises.

Carnassier à l'état de nature, le chien est devenu omnivore depuis sa domestication.

Races.

Les chiens domestiques peuvent se diviser en trois catégories, savoir : les chiens de chasse, les chiens de garde et les lévriers.

Chiens de chasse. — Les chiens de chasse sont surtout remarquables par la finesse de l'ouïe et de l'odorat; ils offrent à l'étude deux divisions très naturelles : les chiens courants et les chiens d'arrêt.

Chiens courants. — Ces chiens se distinguent par une tête plus longue que grosse et portée obliquement; ils ont les oreilles minces et la queue verticale au repos. La physionomie et les allures de

Basset.

ces animaux présentent quelque chose de particulier qui les fait reconnaître au premier coup d'œil; leur pelage est tantôt ras,

Braque.

tantôt rude et hérissé. Ils chassent en suivant la piste du pied et en poursuivant le gibier pour le forcer à la course ou pour le ramener vers le chasseur. Les qualités dominantes des chiens courants doivent être une grande douceur alliée à une obéissance parfaite.

Cette classe comprend les chiens de grande meute ou chiens de Saint-Hubert, les chiens courants vendéens, gascons, normands, etc. ; enfin, les petites races employées plus généralement pour rabattre le gibier ou pour quelques usages spéciaux, les bassets, par exemple.

Chiens d'arrêt. — Les chiens d'arrêt, dont la tête est moins longue et portée à peu près horizontalement, chassent en suivant

Épagneul.

la piste du corps, en arrêtant le gibier et en le rapportant à leur maître après qu'il a tiré. On peut en former trois groupes :

Les *braques,* à poil ras, comprenant les braques anglais (pointers), braques français, allemands, picards, braques du Puy, les braques de Saint-Germain, etc. ;

Les *épagneuls*, à poils plus longs, soyeux et parfois frisés, dont les principaux sont les setters anglais, écossais, irlandais, la petite race d'appartement, le king-charles, etc.

Les *barbets*, à poils rudes, hérissés ou frisés, mais toujours bien développés au front et au museau où ils forment d'épaisses moustaches et des sourcils qui souvent retombent devant les yeux. A cette variété appartiennent les barbets d'arrêt, les griffons d'arrêt, les caniches, qui ne sont pas habituellement employés à la chasse, enfin les grands barbets de garde ; on peut y rattacher également les petites races havanaises et maltaises, encore connues sous le nom générique de bichons.

Chiens de garde. — Ces chiens, employés à la garde des habitations ou des troupeaux, à la destruction des animaux nuisibles et aussi, par exception, à la chasse, ont l'odorat beaucoup moins développé que ceux que nous venons de passer en revue.

On peut les grouper ainsi qu'il suit :

Les *chiens-loups* comprenant les races primitives plus ou moins rapprochées des espèces sauvages, tels que les chiens de l'Australie, de l'Orient, le chien des Esquimaux, le chien de Poméranie ou loulou, les chiens comestibles de Chine ;

Matin.

Les *mâtins*, caractérisés par une taille généralement forte, un museau peu effilé et un caractère indocile qui en fait d'excellents gardiens ; tels les divers mâtins de ferme, les chiens de montagne, les chiens de Terre-Neuve et du Labrador ;

Les *chiens de berger*, semblables pour la forme aux chiens-loups et aux mâtins, mais remarquables par leurs dispositions à garder les troupeaux et qui sont d'une docilité et d'une patience à toute épreuve.

Notons en passant que le pouce des pieds de derrière chez ces animaux est généralement double.

Les *dogues*, encore appelés *molosses,* reconnaissables à une tête énorme, à un museau tronqué au bout et généralement gros et court, sont très forts et très courageux ; leur caractère énergique les rend quelquefois redoutables ; cette variété comprend les

dogues anglais, bordelais et espagnols, le grand danois, le bouledogue et aussi le carlin, malgré sa taille exiguë; le chien du

Chien de berger.

Saint–Bernard tient le milieu entre le bouledogue et l'épagneul.
Les *terriers* sont de petite taille avec une tête ronde et un

Dogue.

museau allongé; quant à leur pelage, il est tantôt ras, tantôt long,
rude et hérissé; ces animaux excellent à faire la chasse aux rongeurs : ils méritent à ce titre d'être plus répandus à la campagne.

Lévriers. — Ces chiens ont une physionomie que chacun connaît ; ils se distinguent par leur taille élancée, leur ventre rentré et leurs mœurs particulières ; les principaux sont les lévriers

Lévrier d'Écosse.

d'Écosse et de Russie, le sloughi d'Afrique et la levrette, encore appelée lévrier d'Italie, bien qu'il s'agisse ici d'une race tout à fait française.

Les lévriers ont l'odorat peu développé, mais ils chassent à vue avec une très grande rapidité.

Age.

Le chien naît ordinairement avec toutes ses *incisives* et ses *crochets*. A ce moment ses yeux sont fermés et les paupières ne se séparent que du douzième au quinzième jour. Vers *deux mois* commence le remplacement des dents caduques. Toutes les incisives et les crochets sont remplacés vers cinq mois ; l'éruption est complète vers huit mois. Les grands chiens font leurs dents plus vite que les petits.

A *un an*, les dents sont fraîches, blanches et n'ont aucune trace d'usure.

A *deux ans*, usure des pinces inférieures et disparition de leur trèfle.

A *trois ans*, disparition du trèfle aux mitoyennes inférieures et commencement aux pinces supérieures.

A *quatre ans*, les pinces supérieures sont rasées et les dents commencent à jaunir.

A *cinq ans*, toutes les dents sont rasées. A partir de cette époque il n'est plus possible d'établir des données exactes sur l'âge du chien.

Un an.

Deux ans.

Hygiène.

Chenil. — Le chien est un animal destiné par la nature à vivre au grand air et à coucher à la belle étoile. Son habitation doit donc être largement ouverte à l'air et à la lumière et avoir uniquement pour but de le protéger contre les intempéries. Les appartements chauds et fermés lui sont funestes.

Trois ans.

Afin de préserver les animaux des rhumatismes, le chenil doit toujours être placé sur un sol bien sec; il est bon de le tenir très proprement et de le laver fréquemment à grande eau, afin de détruire la vermine. Les couchettes des chiens représentent des bancs à claire-voie, couverts de paille fraîche que l'on secoue tous les jours et que l'on renouvelle souvent. Ces conditions sont nécessaires pour le chien de chasse. Le chien de garde, lui, a pour logement une niche placée dans la cour de la ferme ou de l'habitation qu'il défend contre les maraudeurs. Quant au chien de luxe, il partage d'ordinaire l'appartement du maître qui le tient en serre chaude.

Quatre ans.

Cinq ans.

Alimentation. — Le chien, comme nous l'avons dit, est à l'état

de nature essentiellement carnivore; et, si le moindre doute pouvait s'élever à cet égard, il suffirait des indications fournies par
la structure des dents pour le dissiper. D'autre part, on sait que
tout en se nourrissant des mêmes aliments végétaux que l'homme,
il a conservé un penchant très marqué pour la viande et qu'il
mange avec la plus grande voracité les charognes dont il peut
faire sa proie. Il est donc logique d'admettre qu'un mélange de
matières animales et de matières végétales est la meilleure nourriture pour les chiens, les proportions de chacun de ces éléments
devant dépendre de l'exercice plus ou moins fort du corps ou, si
l'on veut, du travail plus ou moins fatigant que fournissent ces
animaux. La viande étant la plus nutritive sera donnée à ceux qui
exercent beaucoup, comme les chiens de chasse; au contraire, on
satisfera aux besoins de ceux qui sont toujours renfermés en leur
donnant des végétaux qui, sous une grande masse, contiennent
moins de principes nutritifs. Nous ajouterons que, dans tous les
cas, l'alimentation doit être variée, la ration d'aucun animal ne
devant être composée exclusivement d'une seule substance, quelque nutritive qu'elle soit.

Distribution de la nourriture. — Les chiens qui sont nourris entièrement de viande peuvent ne faire qu'un repas par jour, mais alors
ils perdent leur vivacité et deviennent lourds et dormeurs; il est
donc préférable de distribuer la ration en deux fois et dans des
conditions telles que la digestion puisse être faite lorsque les animaux reprennent leur travail.

Le chien doit toujours manger froid et avoir continuellement de
l'eau propre et limpide à sa disposition.

Soins de la peau et exercice. — Les soins de propreté sont
d'autant plus indispensables aux chiens que ceux-ci sont souvent
atteints d'affections cutanées très rebelles; il est donc utile d'avoir
recours à un pansage à la brosse de chiendent; les animaux se
prêtent du reste volontiers à cette opération.

Les bains sont aussi très utiles à cette espèce dont certaines
races vont même spontanément à l'eau, mais il ne faut pas abuser des bains forcés, surtout en grande eau, parce qu'ils peuvent
occasionner des maladies graves, la jaunisse notamment.

Quant à l'exercice, il est particulièrement nécessaire aux chiens

de chasse, si l'on ne veut pas s'exposer, lors du retour de la saison, à les trouver trop gras, sans haleine et prompts à se fatiguer; on doit donc les entraîner continuellement, de manière à
les mettre en état de remplir leur office.

Élevage du chien. — On laisse généralement les petits chiens
teter leur mère pendant six semaines, mais il est préférable de
les laisser jusqu'à l'âge de trois mois, époque à laquelle ils se
trouvent sevrés naturellement.

Ce n'est que lorsque les jeunes ont remplacé leurs dents de lait,
c'est-à-dire vers l'âge de deux à quatre mois suivant les races,
qu'on doit leur donner la même nourriture qu'aux adultes; jusque-là les soupes de viande et les laitages doivent former la base
de la ration.

Après le sevrage et jusqu'à l'âge d'un an, les jeunes chiens
doivent être logés à part dans un local sec, bien abrité, mais dont
la température n'est pas trop élevée; alors ils reçoivent comme
nourriture du bouillon préparé avec des têtes de mouton ou des
tripes, de la bouillie cuite de farine et de lait et enfin des restes
de cuisine.

Le repas terminé, il faut avoir soin de vider et de nettoyer les
écuelles, puis de les remplir d'eau fraîche tenue à la disposition
des animaux.

Au fur et à mesure que les chiens avancent en âge, on supprime
progressivement la bouillie que l'on remplace par de la soupe et
quelques tranches de viande crue ou cuite; enfin, lorsqu'ils
sont arrivés à l'âge adulte, on leur distribue une sorte de pâtée
connue sous le nom de *mouée* et qui n'est autre chose qu'un
mélange épais de tripes, ordinairement cuites, et de soupe au pain
bis. A l'époque de la chasse, mais alors seulement, il convient
d'ajouter à ce régime un peu de viande de cheval. On peut encore,
dans la préparation de la mouée, remplacer la soupe par de la
farine de froment et de la farine de seigle mélangées, ou même
par des pommes de terre cuites écrasées, ces substances végétales
étant les seules qui doivent entrer dans l'alimentation des chiens.

Quant au dressage du chien, il est difficile de formuler des
règles, la méthode suivie pouvant varier dans chaque cas particulier.

VII. — LE CHAT.

Le chat paraît originaire de l'Égypte où le placent les premières mentions historiques. Ce qu'il y a de certain, c'est qu'il a été autrefois, dans ce pays, l'objet d'une vénération dont témoignent les monuments anciens.

De l'Égypte, le chat a émigré un peu partout, mais ce n'est que vers le x⁰ siècle de notre ère qu'il a été connu dans l'Europe occidentale. Aujourd'hui cet animal se trouve dans presque toutes les contrées où l'homme est établi; il s'est considérablement répandu en Amérique depuis la découverte de ce continent; on le rencontre également en Asie et en Australie; il est plus rare dans l'Afrique centrale.

Parmi les principales races de chats, nous citerons celles des Chartreux, du Mans, d'Espagne et d'Angora.

Fonctions économiques.

Le chat est le seul représentant de la famille des félins qui fasse partie de notre société, et encore conserve-t-il son indépendance et ne se soumet-il à l'homme que dans une certaine mesure. D'un caractère sournois, il ne témoigne de l'affection qu'aux personnes qui lui donnent des soins ou lui prodiguent des caresses. Abandonné à lui-même, il passe sa vie dans la maison où il est né sans s'attacher à ses maîtres. Toutefois, pour être un domestique infidèle, le chat n'en est pas moins un animal utile, un auxiliaire souvent précieux. Porté par instinct à détruire tout ce qui est faible et sans défense, il délivre nos habitations des rats et des

Chat des Chartreux.

souris qui les infestent et nos champs des mulots et des campa-
gnols qui ravagent nos récoltes.

Dans les fermes, les meilleurs chats sont ceux qui se rapprochent le plus du chat sauvage. La
quantité de rongeurs détruits par
ces animaux est considérable ; malheureusement ils nous font trop
oublier les services qu'ils nous
rendent, soit en commettant des
larcins, soit en s'attaquant aux
poussins ou aux petits oiseaux et
encore faut-il ajouter qu'aucun châ-
timent n'est capable d'amender ces
récidivistes obstinés.

Malgré ses défauts, le chat est
souvent entretenu comme animal
de luxe ; alors il devient le favori,

Chat d'Angora.

le commensal du maître et arrive, en quelque sorte, à faire partie
intégrante de la famille.

Le chat est omnivore, mais, en raison de l'état d'indépendance
dans lequel il vit, les soins hygiéniques à lui accorder sont à peu
près nuls.

Le chat est exposé à contracter une maladie que nous croyons
devoir signaler à cause de sa transmissibilité à l'homme. Nous
voulons parler de la teigne faveuse ou favus [1].

Déterminée par un parasite végétal, la teigne affecte de préférence l'extrémité des pattes et la base des griffes, cependant
elle peut débuter par l'ombilic ou par les régions inférieures de
l'abdomen. Peu à peu elle s'étend, envahit la tête, la face externe
des cuisses et les diverses parties du corps. La maladie est caractérisée par des croûtes, d'abord d'une couleur jaune soufre, mais
devenant plus tard grisâtres ou gris jaunâtre. Plus ou moins
régulièrement circulaires, ces croûtes présentent une disposition
remarquable. Leurs bords sont légèrement relevés tandis que leur
centre est déprimé, ce qui donne à l'ensemble l'aspect d'une

1. De *favus*, rayon de miel, à cause de la ressemblance des croûtes avec le
produit des abeilles.

petite cupule ou godet. De dimensions variables, ces godets peuvent atteindre le diamètre d'une pièce de 1 franc.

A mesure que la maladie progresse, les croûtes, en se multipliant, se déforment et finissent par perdre leurs caractères primitifs.

Les jeunes chats seuls sont susceptibles de contracter la teigne : passé l'âge de trois mois, ils sont rarement atteints.

Nous avons dit que la teigne est contagieuse à l'homme; il résulte en effet des observations publiées par différents auteurs que cette affection a été maintes fois communiquée par le chat, soit à des enfants, soit à des personnes adultes.

Le favus est également susceptible d'affecter le rat, la souris, le chien, le lapin et la poule. On a noté plusieurs cas de transmission de la souris à l'homme, et il est permis de penser que ce sont toujours les rongeurs, si fréquemment atteints dans certaines régions, qui infectent les animaux domestiques, notamment le chat et le chien. Quoi qu'il en soit, il est une règle à observer : c'est de laisser jouer le moins possible les enfants avec les jeunes chats.

SECONDE PARTIE

ACCIDENTS ET MALADIES

~~~~~~~~~~~~~

Aggravée *(sole usée, pieds échauffés).*

Cet accident se produit lorsque le cheval ou le bœuf perdent en route un fer qui ne peut être remplacé immédiatement. Chez les petits animaux, l'aggravée résulte d'une course prolongée sur un terrain dur et rocailleux.

Symptômes. — La marche est pénible et douloureuse. La sole, les ongles ou les tubercules plantaires, usés et quelquefois saignants, se montrent très sensibles à la pression des doigts.

Premiers soins. — Laisser l'animal au repos sur une bonne litière; bains froids le jour; appliquer la nuit sur le pied des cataplasmes d'argile ou de suie de cheminée délayée dans du vinaigre.

Apoplexie *(coup de sang).*

On désigne sous le nom d'apoplexie l'hémorragie qui se déclare du côté du cerveau par suite de la rupture d'un vaisseau.

Cette affection se rencontre chez le cheval, le bœuf et le porc.

Symptômes. — L'apoplexie est le plus souvent foudroyante; l'animal a la démarche incertaine, vacillante et ne tarde pas à tomber; la respiration devient précipitée et la mort peut survenir en quelques minutes. Si le sujet ne meurt pas immédiatement, l'état comateux, ou si l'on veut l'assoupissement, peut durer vingt-quatre ou trente-six heures; on observe des grincements de dents; le malade a les yeux fixes, les naseaux dilatés et les membres agités d'un tremblement convulsif.

Premiers soins. — Saignée, affusions d'eau froide ou application de glace sur la tête.

Frictions sinapisées ou d'essence de térébenthine sous la poitrine et sur les membres; lavements d'eau salée ou d'eau savonneuse froide; breuvages d'infusion de tilleul acidulée avec du vinaigre.

Asphyxie.

L'asphyxie consiste dans l'arrêt ou la suspension de la respiration; elle peut se produire dans les conditions suivantes :

1° Par submersion (animaux noyés);

2° Par compression (animaux trop serrés dans les vagons ou pris dans un éboulement);

3° Par strangulation (cheval travaillant avec un collier trop étroit, corps étranger arrêté dans l'arrière-bouche);

4° Par des gaz irrespirables (incendies);

5° Par le froid (congélation).

Asphyxie en général. — *Symptômes.* — Les symptômes sont à peu près les mêmes dans tous les cas : les animaux éprouvent de l'inquiétude; ils ont les naseaux dilatés, la bouche entr'ouverte, la respiration difficile. Les yeux sont fixes, proéminents; leur muqueuse, ainsi que celle de la bouche, est rouge, violacée; les battements du cœur sont forts et tumultueux.

Si l'asphyxie est violente, l'animal tombe, s'agite, se raidit, la respiration devient intermittente et la mort ne tarde pas à survenir.

Premiers soins. — Placer le malade dans un lieu aéré et, s'il s'agit d'un cheval, le débarrasser de ses harnais.

Frictions sur toute la surface du corps avec de l'essence de térébenthine ou du vinaigre; lavements irritants salés ou vinaigrés.

Chatouiller les narines avec les barbes d'une plume; pratiquer la respiration artificielle par pression alternative des côtes avec les mains.

Telles sont les principales indications à remplir en cas d'asphyxie, abstraction faite des causes qui ont agi. Nous allons faire connaître maintenant les mesures à prendre dans chaque cas particulier.

Asphyxie par submersion. — Frictions sèches; promener sur le corps des briques ou des fers chauds; insufflations d'air par les narines à l'aide d'un soufflet.

Placer la tête de manière à favoriser l'expulsion des mucosités du nez et de la bouche qui seront aussitôt nettoyés; diriger de la fumée de tabac dans l'anus au moyen d'une canule.

L'animal étant rappelé à la vie, donner des boissons chaudes stimulantes (café, tilleul, thé, etc.).

Asphyxie par compression. — Combiner l'insufflation de l'air par les naseaux avec la respiration artificielle.

·Asphyxie par strangulation. — Faire disparaître l'obstacle qui s'oppose à la respiration en coupant suivant les cas la longe ou le licou, en dégrafant le collier, etc. S'il s'agit d'un corps étranger arrêté dans l'arrière-bouche, chercher à l'extraire ou à le repousser.

Lorsqu'une constriction violente s'est exercée autour du cou, pratiquer la saignée à la jugulaire.

Asphyxie par des gaz irrespirables. — Lotions d'eau froide sur la tête et le long de la colonne vertébrale, frictions sèches sur le corps; faire respirer du vinaigre et donner des lavements d'eau salée froide.

Asphyxie par le froid. — Réchauffer graduellement le corps par des frictions pratiquées d'abord avec de la neige, de l'eau glacée ou froide, puis avec de l'eau dont la température est de plus en plus élevée; donner ensuite des infusions excitantes (tilleul, café, etc.).

Atteinte.

L'atteinte est une contusion, avec ou sans plaie, dans les régions de la couronne, du pâturon ou du boulet.

Symptômes. — Boiterie plus ou moins accusée, engorgement chaud et douloureux à la pression.

Premiers soins. — Compresses d'eau alcoolisée, bains froids, douches, cataplasmes émollients de farine de lin ou de son bouilli.

Avortement.

On nomme avortement l'expulsion du fœtus avant le terme naturel et avant qu'il soit viable.

On distingue l'avortement accidentel et l'avortement contagieux.

Avortement accidentel. — L'avortement accidentel est dû à des causes multiples dont les principales sont : un travail excessif, les coups, les chutes et, parmi les maladies, la fièvre aphteuse, le charbon, la clavelée, etc.

Symptômes. — Si la gestation est peu avancée, l'expulsion se fait sans que l'on remarque le moindre signe de maladie, mais si la femelle arrive au terme de la délivrance, on observe de l'inquiétude, des coliques, les mamelles et la vulve sont tuméfiées, enfin des efforts expulsifs plus ou moins énergiques se produisent.

Premiers soins. — Si l'animal est au travail ou au pâturage, le rentrer de suite à l'écurie, le couvrir, puis le bouchonner légèrement sous le ventre. Administrer ensuite un breuvage d'infusion de tilleul à laquelle on aura ajouté deux têtes de pavot.

Si, dès le début, les coliques sont vives, donner des breuvages alcooliques (mélange de vin et d'eau-de-vie dans des proportions convenables et en rapport avec la taille du sujet).

Avortement contagieux. — L'avortement contagieux s'observe chez la vache et la jument; ses symptômes sont ceux que nous venons de décrire, et les soins à accorder aux femelles sont identiques, mais il y a lieu d'isoler celles qui ont avorté et de recourir à la désinfection des étables.

Brûlures.

On donne le nom de brûlure à une lésion provoquée sur les tissus vivants par l'action de la chaleur (feu, corps solides fortement chauffés, liquides en ébullition) ou par des caustiques chimiques.

Les brûlures sont plus ou moins fortes; elles varient depuis la simple inflammation de la peau jusqu'à la carbonisation des tissus.

Dans les brûlures légères, les poils sont détruits ou simplement roussis, la peau est tuméfiée, rougeâtre et douloureuse; il se produit quelquefois des ampoules remplies de sérosité.

L'action prolongée de la chaleur entraîne la mortification de la peau et des tissus qu'elle recouvre (muscles, tendons, vaisseaux); on observe alors que les points lésés sont noirâtres, durs, secs et insensibles, tandis que les parties voisines sont le siège d'une vive inflammation.

Les brûlures étendues ou profondes s'accompagnent toujours de fièvre; les animaux sont tristes, abattus et perdent l'appétit.

Premiers soins. — Lorsqu'il existe des ampoules, les percer avec une épingle. Sur la région appliquer des cataplasmes de pommes de terre crues râpées, de l'amidon, de la fécule, ou mieux badigeonner plusieurs fois par jour avec une émulsion d'huile d'olive dans un jaune d'œuf, une solution concentrée de gomme arabique (eau, 150 grammes; gomme, 50 grammes).

Le traitement que nous venons d'indiquer s'applique aux brûlures par le feu; pour celles qui sont déterminées par les acides, on aura recours à des lavages avec de l'eau contenant des cendres de bois. Quant aux brûlures par la potasse, la soude ou la chaux, on s'en tiendra aux applications d'eau vinaigrée.

Chez les animaux, en dehors de celles qui peuvent exister à la surface du corps, il y a lieu de considérer deux brûlures relativement fréquentes : la brûlure de la bouche causée par l'administration d'un breuvage trop chaud ou contenant des substances caustiques; la brûlure de la sole produite par l'application prolongée du fer, celui-ci étant trop chauffé ou le pied paré à l'excès.

La *brûlure de la bouche* est traitée par des gargarismes avec une décoction de feuilles de ronce ou de plantain à laquelle on ajoute un peu de miel.

La *brûlure de la sole* se traduit par une boiterie survenant immédiatement ou quelques jours après la ferrure. La partie lésée a une teinte jaunâtre et se montre très sensible à la pression.

Enlever le fer dès qu'on soupçonne l'accident; bains froids, application de cataplasmes d'argile délayée avec de l'eau vinaigrée. S'il survient un abcès avec décollement de la sole, confier le traitement au vétérinaire, afin d'éviter des complications qui pourraient devenir très graves.

Clou de rue.

On appelle clou de rue la blessure de la face inférieure du pied par un clou ou par des corps aigus et tranchants.

La gravité de cet accident varie suivant la profondeur où le corps étranger a pénétré et surtout suivant la région atteinte.

Symptômes. — Boiterie plus ou moins accusée, pied chaud et douloureux à la pression, écoulement de sang ou de sérosité par l'orifice de la plaie.

Premiers soins. — Retirer le corps étranger, faire amincir, par le maréchal, la sole ou la fourchette autour de la piqûre; bains et cataplasmes froids de farine de lin ou de son bouilli.

Appeler le vétérinaire pour continuer le traitement.

Coliques.

On désigne sous le nom de coliques les douleurs dont le siège est dans l'abdomen, que ces douleurs soient dues à l'affection de n'importe quel organe. Comme on le voit, les coliques sont un symptôme et non une maladie; elles peuvent être causées soit par l'indigestion de l'estomac ou de l'intestin, soit par l'inflammation du tube digestif; les provoquent également : la péritonite, les empoisonnements, les affections des reins, de la vessie, etc.

Dans ces conditions on comprend que le traitement doive varier suivant la cause; aussi faut-il se défier des panacées dont la vertu ne saurait exister que dans l'imagination des naïfs qui en font usage.

Symptômes. — L'animal inquiet regarde son flanc, gratte avec ses membres antérieurs, agite la queue, se donne des coups vers le ventre avec les pieds de derrière, se couche, puis se relève après s'être roulé sur le sol en prenant des positions différentes. Dans certaines circonstances ces symptômes se montrent par accès, le sujet éprouve des moments de calme plus ou moins longs. Si le mal persiste, la peau se couvre de sueur, le flanc se gonfle, la respiration devient pénible ; enfin, les oreilles et l'extrémité des membres se refroidissent.

Dans les coliques dues à une affection de la vessie, le cheval se campe fréquemment sans pouvoir uriner.

Premiers soins. — Frictions sèches sous le ventre et sur les reins. Promenades au pas, lavements d'eau de son ou .d'eau savonneuse. Si les coliques augmentent, frictions de vinaigre chaud ou d'essence de térébenthine sous le ventre et sur les membres. Donner avec précaution au malade des breuvages alcooliques ou excitants : vin chaud, infusion de café, de tilleul ou de camomille.

Éviter d'administrer, ainsi que cela se fait trop souvent, de l'huile ou d'autres corps gras qui ne peuvent que fatiguer l'estomac.

Coliques des bêtes bovines. — Les coliques sont moins fréquentes chez le bœuf que chez le cheval ; les symptômes sont à peu près les mêmes et toujours facilement reconnaissables.

Chez les animaux qui nous occupent les coliques sont souvent dues à une indigestion de l'intestin. Dans l'indigestion de la panse (voir *météorisation*), elles sont généralement légères.

Premiers soins. — Frictions sèches sous le ventre et sur les flancs, lavements savonneux, breuvages aromatiques tièdes et légèrement salés.

Coliques des petits animaux. — Chez les petits animaux, les coliques sont combattues à peu près de la même manière que chez le cheval, c'est-à-dire par des breuvages excitants, des lavements émollients ou savonneux. A ce traitement on peut ajouter chez le chien des cataplasmes de farine de lin sous le ventre.

Contusions.

Très fréquentes chez nos animaux, les contusions reconnaissent pour causes, les chutes, les heurts, les coups de pied, les coups de corne, etc.

Symptômes. — Les lésions varient suivant la région et la violence du choc. Dans tous les cas les parties atteintes sont le siège d'une chaleur et d'une sensibilité plus ou moins vives; en outre, lorsque la contusion s'est exercée sur une région charnue, il existe souvent, au début, une tumeur molle de volume variable.

Les coups portés à la face interne de la jambe et du bras se compliquent souvent de fracture quelques jours après l'accident.

Premiers soins. — Lotions d'eau fraîche fréquemment renouvelées; compresses d'un mélange d'eau-de-vie, de vinaigre et de sel marin; bains froids quand la contusion siège au bas des membres.

Éviter de ponctionner la tumeur lorsqu'elle se produit.

Corps étrangers.

Des corps étrangers de nature diverse peuvent s'introduire dans les organes et y déterminer des désordres variables selon leur volume et leur forme.

Dans la peau. — Les corps étrangers qui pénètrent dans l'épaisseur de la peau (épines, morceaux de bois, clous, aiguilles, etc.) donnent rarement lieu à des accidents graves.

Premiers soins. — Arracher le corps étranger soit avec la main, soit avec des tenailles ou des pinces; laver ensuite la plaie à l'alcool étendu.

Dans l'oreille. — On trouve parfois dans cet organe des insectes ou des graviers dont la présence provoque des mouvements continuels de la tête qui est toujours inclinée du côté de l'oreille atteinte. Si le corps étranger séjourne trop longtemps dans ce conduit il peut déterminer une inflammation grave et, s'il s'agit d'un cheval, rendre le sujet inabordable.

Premiers soins. — Injecter dans l'oreille de l'huile d'olive et tâcher d'extraire le corps avec le doigt, une pince ou une curette.

Dans le nez. — Des brins de fourrage, des mouches ou des plumes s'introduisent quelquefois dans les naseaux ; alors on remarque des ébrouements fréquents en même temps qu'apparaît un jetage limpide souvent mélangé d'un peu de sang.

Premiers soins. — Enlever le corps étranger avec des pinces ou un fil de fer recourbé et entouré d'un linge fin. Une pincée de poivre ou de tabac à priser suffira quelquefois à débarrasser l'animal en provoquant l'ébrouement.

Dans l'œil. — Cet accident se produit fréquemment; ce sont des parcelles de fourrage ou des balles de graminées qui le provoquent presque toujours : les paupières sont rouges et tuméfiées ; l'œil est fermé et larmoyant; l'animal oppose la plus vive résistance à l'exploration de cet organe et cherche à le frotter contre les objets environnants.

Premiers soins. — Chercher à enlever le corps étranger avec un papier roulé, la corne d'un linge fin, une épingle à cheveux ou une bague; faire ensuite de fréquentes lotions d'eau fraîche sur l'œil.

Dans tous les cas, manœuvrer avec précaution et appeler le vétérinaire plutôt que d'insister trop longtemps.

Coup de chaleur.

Ce nom est donné à une congestion brusque du poumon, occasionnée par la chaleur.

Symptômes. — Dans les cas graves, l'animal en mouvement ralentit son allure, se montre moins sensible aux excitations, vacille sur ses membres, s'arrête net et ne tarde pas à tomber sur le sol où il se livre à des mouvements désordonnés. La peau se couvre de sueurs froides et le malade peut succomber au bout de trente à trente-cinq minutes. Ces symptômes s'observent surtout chez les chevaux soumis à une course fatigante. Les animaux atteints restent souvent debout, immobiles, les quatre membres tendus et comme fixés au sol, la tête basse et allongée sur l'encolure; ils ont les yeux fixes, les narines dilatées et la respiration tumultueuse; quelquefois ils ouvrent la bouche comme pour aspirer l'air et laissent pendre la langue; on peut remarquer alors chez le chien une salivation très abondante. Dans tous les cas, les muqueuses sont bleuâtres et les battements du cœur précipités et retentissants.

Le coup de chaleur se constate non seulement sur le cheval, sur le chien, mais aussi sur les bêtes bovines et surtout sur le porc, où cette maladie, plus connue sous le nom de *feu*, a été souvent prise pour le charbon.

Premiers soins. — Faire des affusions d'eau froide sur toute la surface du corps pendant quelques minutes, puis exprimer cette eau et sécher la peau avec des éponges et des linges, de manière à obtenir une réaction. Lorsque l'état comateux se prolonge, réveiller la sensibilité par des frictions d'essence de térébenthine et, dans les cas où l'asphyxie menace, pratiquer immédiatement la saignée.

Coup de foudre.

La foudre fait surtout des victimes sur les animaux conduits au pâturage; suivant son intensité et aussi suivant que son influence se fait sentir directement ou indirectement sur les sujets, les conséquences de la foudre sont variables.

Symptômes. — Lorsque les décharges électriques ne déterminent pas la mort instantanément, elles peuvent entraîner la stupéfaction, la paralysie et quelquefois une perte de connaissance qui persiste pendant plusieurs heures. Assez fréquemment le coup de foudre produit des blessures ou des brûlures, lesquelles sont plus ou moins graves et profondes.

Premiers soins. — Tenir les animaux dans un lieu bien aéré; affusions d'eau froide sur tout le corps. Insister sur les frictions sèches, faire respirer de l'ammoniaque ou du vinaigre.

Courbature.

La courbature est le résultat du surmenage; elle s'observe notamment à la suite d'une course longue et rapide.

Symptômes. — Le cheval a perdu l'appétit; il a les membres et l'encolure raides et éprouve la plus grande difficulté à se mouvoir. La respiration est difficile, les yeux sont injectés, la peau se montre sèche et brûlante ; on remarque des frissons ; enfin, l'urine rendue par le malade est rouge, chargée.

Premiers soins. — Bouchonnages ; frictions de vinaigre sur tout le corps, bonnes couvertures ; boissons rafraîchissantes et lavements d'eau salée froide.

Si la respiration est trop gênée, pratiquer la saignée dès le début.

Couronné.

Ce mot sert à indiquer chez le cheval l'existence d'une plaie sur la face antérieure de l'un ou des deux genoux. Généralement la blessure dont il s'agit résulte d'une chute.

Symptômes. — Les symptômes varient suivant la profondeur de la plaie qui peut n'intéresser que la peau ou aller au delà ; dans quelques cas l'articulation ouverte laisse voir les tendons et les os ; alors l'appui est presque nul et la marche très difficile.

Premiers soins. — Laver la blessure à grande eau, de manière à enlever la terre ou les graviers qui peuvent s'y trouver ; douches ou bains de rivière quand cela est possible ; panser la plaie à l'alcool étendu, mais éviter de la sonder au moyen des doigts.

Le traitement à appliquer varie avec les lésions et par conséquent ne saurait être toujours le même. Dans ce cas encore il convient de ne pas s'en rapporter aux spécifiques et d'appeler le vétérinaire, afin d'obtenir une guérison rapide et d'éviter des complications.

Échauboulure.

Cette maladie, qui rappelle l'urticaire de l'homme, se traduit par de petites tumeurs ou plaques circonscrites et arrondies, disséminées sur la surface du corps, notamment à l'encolure, aux épaules, à la poitrine et sur la croupe. Ces plaques surplombent la peau, ont une consistance molle et gardent l'empreinte du doigt qui les comprime.

Particulière au cheval et au bœuf, l'échauboulure est peu grave par elle-même, mais peut se compliquer d'une affection de la poitrine ou de l'intestin.

Premiers soins. — Lotionner avec de l'eau vinaigrée ou de l'eau sédative faible les parties malades; administrer, à l'intérieur, de l'infusion de tilleul, de camomille ou du café. Couvrir le malade; enfin, frictionner à l'alcool camphré les membres postérieurs, lorsqu'ils sont engorgés. On peut ajouter à ce traitement des promenades, si la température le permet.

Empoisonnement.

On désigne sous ce nom l'ensemble des effets produits dans l'organisme par les poisons ou toxiques.

Chez nos animaux les empoisonnements peuvent être dus soit à l'ingestion de plantes vénéneuses, soit à l'administration de médicaments donnés à trop forte dose et aussi, dans quelques cas, à des manœuvres criminelles.

Symptômes. — Les symptômes de l'empoisonnement se manifestent d'une manière soudaine et présentent dès le début un caractère alarmant, ce qui permet, en général, de distinguer ou tout au moins de soupçonner la nature de l'affection. Toutefois, on comprendra que les signes par lesquels se traduit l'empoisonnement varient suivant la nature et la dose du poison.

Dans tous les cas l'animal perd l'appétit tandis qu'au contraire la soif devient très vive. La bouche est chaude, pâteuse et quelquefois écumeuse; on observe des nausées et des vomissements, des coliques et de la diarrhée. Le ventre est gonflé et sensible, la respiration s'accélère, la peau se refroidit, l'épuisement survient, les yeux se montrent injectés de sang.

Premiers soins. — Lorsqu'on ne connaît pas la nature du poison qui a été absorbé, il faut avoir recours aux contre-poisons généraux tels que le lait, l'eau albumineuse (quatre blancs d'œuf pour 1 litre d'eau), l'eau gommeuse (30 grammes par litre), l'eau de lin (60 grammes de graine par litre).

Indépendamment de ces moyens, on doit administrer aux animaux qui peuvent vomir (porc, chien et chat) 4 ou 5 grammes de tabac à priser en suspension dans un peu d'eau : c'est là un vomitif sûr dont on peut disposer dans toutes les circonstances.

Enchevêtrure *(prise de longe)*.

Cet accident consiste en une blessure faite par la longe dans le pli du pâturon.

L'enchevêtrure s'accompagne d'une boiterie plus ou moins intense variant avec la profondeur de la plaie.

Premiers soins. — Bains froids, cataplasmes de farine de lin ou pansements avec un mélange de miel, de fécule ou de farine. Éviter l'emploi du miel l'été à cause des mouches qui peuvent tourmenter les animaux.

Efforts.

Ce mot sert à désigner les effets de la distension violente des tendons, des ligaments ou des muscles de certaines régions.

Les efforts les plus fréquents chez le cheval sont : l'effort de boulet, l'effort de tendon et l'effort de rein.

Effort de boulet. — Cet effort est la suite de faux pas, de glissade, de chute ou de mouvements violents.

Symptômes. — Le boulet est gonflé et sensible, la boiterie plus ou moins forte, suivant la gravité des lésions.

Premiers soins. — Bains de rivière, douches et bandages humides.

Effort de tendon. — Encore appelé nerf-férure, l'effort de tendon se traduit par un engorgement inflammatoire de la région et une boiterie souvent très prononcée. Il est dû aux mêmes causes que l'effort de boulet et exige des soins analogues.

Effort de rein. — L'effort de rein, tour de rein, lombago, est une lésion assez fréquente, qui peut avoir pour causes toutes les violences susceptibles d'exagérer l'étendue des mouvements du dos et des reins : tels les lourdes charges, les mouvements brusques en tournant, les sauts, etc.

Symptômes. — Au pas, la croupe se balance d'une manière caractéristique; au trot, les membres se heurtent, se croisent et l'animal menace à chaque instant de tomber. Le reculer est à peu près impossible.

Premiers soins. — Placer le cheval dans une stalle assez étroite pour toucher les côtés du corps et l'immobiliser; frictions de vinaigre chaud sur les reins.

Enclouure.

L'enclouure est une blessure profonde faite au pied du cheval par un clou de la ferrure.

Symptômes. — Boiterie plus ou moins forte se déclarant immédiatement ou quelques jours après l'application du fer, chaleur anormale et sensibilité du pied à la percussion. Généralement le clou qui a atteint les parties vives est rivé plus haut que les autres.

Premiers soins. — Suivant l'intensité de la boiterie, retirer simplement le clou ou déferrer le pied. Bains froids et cataplasmes de farine de lin ou de son.

Épilepsie *(haut mal, mal caduc).*

L'épilepsie est une maladie du cerveau qui se manifeste sous forme d'attaques séparées par des intervalles plus ou moins longs.

Toutes nos espèces domestiques peuvent être atteintes par cette affection, mais c'est le chien qui en est le plus souvent frappé.

Symptômes. — L'attaque débute soudainement; l'animal commence à trembler, puis il chancelle, perd l'équilibre et tombe. Les paupières sont clignotantes; l'œil roule dans l'orbite; les mâchoires, l'encolure, les membres sont secoués par des mouvements convulsifs; une salive écumeuse s'écoule de la bouche; l'intelligence et la sensibilité sont complètement abolies.

Le chien et le porc poussent des cris aigus dès qu'ils sentent approcher l'accès.

Premiers soins. — Dételer les animaux qui sont au travail lors de la crise, puis les garantir autant que possible des chocs violents. Asperger la tête avec de l'eau froide quand l'accès est de longue durée.

Ne pas perdre de vue que l'utilisation des chevaux épileptiques expose aux plus grands dangers.

On distingue l'épilepsie proprement dite et l'épilepsie symptomatique. La première est incurable, mais on peut traiter avantageusement la seconde, souvent due à des vers intestinaux.

Éventration.

L'éventration est une hernie d'une portion de l'intestin à travers une plaie pénétrante de l'abdomen. Elle peut résulter de chocs, de coups de pied, de coups de corne, etc.

Premiers soins. — Essayer de faire rentrer la masse herniée, et si l'on n'y parvient pas du premier coup, se contenter d'appliquer un bandage autour du corps et de recourir à des lotions réitérées d'eau fraîche, en attendant la visite du vétérinaire.

Fièvre vitulaire *(fièvre de lait).*

La fièvre vitulaire est une maladie grave, subite, particulière aux vaches fraîches vêlées et qui affecte spécialement les bonnes laitières.

Symptômes. — La fièvre vitulaire se déclare de deux heures à cinq ou six jours après la mise-bas : la vache perd l'appétit, ne rumine plus; la respiration devient accélérée et plaintive; on note des grincements de dents, des frissons, les extrémités (oreilles, cornes, membres) sont froides. Bientôt la faiblesse oblige la malade à se coucher où à se laisser tomber sur sa litière; alors les symptômes s'aggravent, la sensibilité générale s'émousse et il existe dès lors une paralysie plus ou moins complète de l'arrière-train. A cette période de la maladie, ce qui frappe surtout l'observateur, c'est le port de la tête ramenée sur les côtes et reprenant invinciblement sa position dès que l'on cherche à redresser l'encolure.

Premiers soins. — Cette maladie entraînant souvent la mort, il y a lieu d'agir vite : en attendant le vétérinaire on doit faire sans discontinuer des affusions d'eau froide derrière la nuque et sur les reins, puis administrer en breuvage un litre d'infusion excitante (camomille ou tilleul) avec une poignée de sel marin.

Des lavements d'eau salée froide seront également donnés à courts intervalles ; enfin on aura soin de traire à fond et à plusieurs reprises la malade, même si elle a peu de lait.

Fourbure.

On donne le nom de fourbure à la congestion des tissus contenus dans le sabot.

Souvent cette maladie se déclare sur des animaux soumis à un travail excessif, mais elle peut aussi se montrer sur des sujets laissés en repos, surtout quand ils sont nourris d'une manière copieuse.

Symptômes. — La fourbure s'accompagne de symptômes généraux : tristesse, abattement, raideur des reins. Le mal peut siéger sur un ou plusieurs membres. Si les deux membres antérieurs seuls sont atteints, le malade les porte en avant tandis qu'il engage les membres postérieurs sous le corps. Dans la fourbure des pieds de derrière, les quatre membres sont engagés sous le tronc ; enfin, l'attitude des chevaux fourbus des quatre membres est celle que nous avons indiquée pour les pieds de devant.

Dans tous les cas la marche est difficile sinon impossible, l'appui ne se fait que sur les talons, les pieds sont chauds et très sensibles à la percussion.

Premiers soins. — Saignée au début. Frictions d'essence de térébenthine sur les avant-bras et les cuisses, bains froids et cataplasmes astringents avec de l'argile délayée dans une solution légère de sulfate de fer (vitriol vert).

Suivant la saison, donner au malade de l'herbe ou des barbotages.

Hémorragie.

On appelle hémorragie l'effusion de sang causée par la rupture d'un vaisseau. On distingue l'hémorragie externe et l'hémorragie interne ; mais nous ne nous occuperons que de la première.

Hémorragie externe. — Si le sang s'écoule en nappe, il suffit pour l'arrêter d'appliquer des compresses d'eau fraîche ou d'alcool. Dans les hémorragies abondantes, on fait la compression avec le doigt ou un morceau d'amadou fixé par des tours de bande ; enfin, si la plaie siège à un membre, on peut encore avoir recours au lien circulaire. Dans aucun cas, on ne doit employer les toiles d'araignée qui, en raison de leur malpropreté, peuvent occasionner des accidents très graves.

Le saignement de nez qui se produit quelquefois chez les animaux a pour causes soit des coups portés sur le chanfrein, soit une course violente. Chez le cheval il peut être lié à l'existence de la morve : aussi est-il toujours prudent de faire visiter par le vétérinaire le sujet chez lequel il se déclare.

Le premier soin à prendre contre le saignement de nez consiste à faire des affusions d'eau froide sur la tête des animaux.

Quant à l'hémorragie de la matrice qui se déclare après le part, elle doit être combattue par d'abondantes lotions et ablutions d'eau froide sur la croupe, par des breuvages et des lavements d'eau vinaigrée, ainsi que par des frictions révulsives faites sur les membres.

Luxation.

La luxation est un déboîtement complet ou incomplet des extrémités articulaires des os avec déformation, immobilité plus ou moins grande et vive douleur de la région.

Les luxations ont pour cause des violences extérieures ou des efforts musculaires.

Quel que soit le siège de la luxation, appliquer sur l'articulation des compresses d'eau salée souvent renouvelées.

Dans la *luxation de la rotule*, due à un relâchement des ligaments, le membre est raide, traîné sur le sol et la région du grasset très sensible à la pression.

Premiers soins. — Faire reculer l'animal ou le faire trotter en cercle, le membre boiteux en dehors. Si par ces moyens on n'obtient pas la réduction, appliquer des compresses d'eau froide en attendant l'arrivée du vétérinaire.

Mammite.

L'inflammation des mamelles est une maladie assez fréquente chez nos femelles domestiques, surtout à la suite de la parturition; on l'observe souvent chez la vache et la chèvre.

La mammite peut être provoquée soit par des violences extérieures, soit par le séjour prolongé du lait dans les mamelles. Mais la cause la plus habituelle de cette affection réside dans les refroidissements brusques ressentis à l'étable ou aux champs, lorsque les bêtes se couchent sur un sol froid et humide.

L'affection dont il s'agit peut également se déclarer à la suite d'un sevrage trop subit, si l'on néglige de prendre les précautions nécessaires en pareille circonstance.

Symptômes. — L'inflammation se borne habituellement à un côté du pis et même à un seul quartier (presque toujours le quartier postérieur chez la vache); on constate de la rougeur, de la chaleur et du gonflement; la glande se montre sensible et douloureuse à l'exploration. Les membres postérieurs sont tenus écartés pour ne pas comprimer l'organe malade; les animaux se couchent rarement. Le lait disparaît; il se trouve remplacé par une sérosité jaunâtre contenant des grumeaux et quelquefois des stries sanguines.

La fièvre est plus ou moins intense.

Premiers soins. — Opérer la traite des quartiers malades cinq ou six fois par jour; appliquer sur les mamelles un cataplasme chaud de farine de lin, de mauve ou de fleurs de sureau; fumigations de lait ou de vinaigre pratiquées en versant ces liquides sur une pelle rougie au feu.

Éviter les courants d'air, couvrir la malade et lui distribuer des barbotages tièdes. Quand le veau tette, l'éloigner pendant quelques jours de la mère. Ne jamais chercher à déboucher le trayon en introduisant dans le canal une aiguille à tricoter ou n'importe quelle sonde. Rejeter les graisses et les remèdes empiriques, mais appeler le vétérinaire à appliquer un traitement rationnel si l'on veut éviter des complications ou, tout au moins, la perte de l'organe.

Météorisme.

Encore appelée ballonnement, tympanite, enflure, cette affection consiste dans le gonflement anormal du ventre, produit par l'accumulation de gaz dans le tube digestif, dans l'estomac ou dans la panse.

Symptômes. — Le premier est la tension subite du flanc gauche qui souvent remonte au-dessus de l'épine dorsale.

Dès le début l'animal est triste, cesse de manger, trépigne des pieds de derrière, vousse le dos et fait des efforts expulsifs. Les coliques ne tardent pas à se manifester et, si les gaz augmentent, on observe des plaintes et des gémissements.

L'invasion du mal est toujours subite, sa marche rapide et quelquefois foudroyante.

Premiers soins. — Promenade si le temps le permet; frictions vigoureuses sur le flanc gauche et le ventre. Faire avaler à la vache 1 litre d'eau salée (300 grammes de sel pour 1 litre d'eau froide) et, si le flanc ne s'abaisse pas, administrer des breuvages composés d'un verre d'eau-de-vie dans 1 litre d'eau.

Se montrer très réservé à l'égard des liqueurs météorifuges colportées dans les campagnes, la plupart de ces spécifiques étant susceptibles de rendre la viande impropre à la consommation.

Lorsque l'animal se laisse tomber et que l'on prévoit une issue fatale, ne pas craindre de pratiquer la ponction du ventre, soit avec un trocart, soit avec un couteau enfoncé dans le milieu du flanc gauche, et alors introduire dans la plaie un morceau de sureau ou un tube quelconque afin de favoriser la sortie des gaz.

Trocart.

Le traitement de la tympanite chez le mouton est à peu près le même que chez le bœuf. Il consiste dans l'administration de breuvages froids composés avec de l'eau salée ou de l'eau de savon et aussi dans des pressions méthodiques exercées sur le flanc gauche. Le beurre ou la graisse pris à la dose de 20 grammes peut donner de bons résultats.

Lorsque la météorisation se montre à la fois sur un grand nombre d'animaux, le mieux, s'il existe un cours d'eau à proximité, est de les y plonger ou de les asperger abondamment, après quoi on leur fait prendre de l'huile d'olive ou de noix, à raison de 1 litre pour dix bêtes.

Morsures.

Les morsures sont des plaies déterminées par la dent des animaux.

Nous ne parlerons ici que des morsures venimeuses (celles de la vipère) et des morsures virulentes (celles du chien enragé).

Morsure de la vipère. — Les chiens de chasse surtout sont exposés à cette morsure. Pour les grands animaux cet accident présente moins de gravité. Chez tous, la mort peut s'ensuivre, mais elle est l'exception.

Symptômes. — La morsure de la vipère se reconnaît à l'existence de deux petites plaies très rapprochées l'une de l'autre et produites par les crochets à venin. Un engorgement inflammatoire plus ou moins étendu envahit la région et, dans certains cas, la peau devient froide, violacée. Les malades accusent une fièvre plus ou moins vive ; ils perdent l'appétit et se meuvent avec la plus grande difficulté.

Les animaux de petite espèce ont des nausées, des vomissements, des sueurs froides et sont agités de mouvements convulsifs.

Premiers soins. — Débrider les plaies et faire saigner. Appliquer une ventouse en se servant d'un verre dans lequel on allume du papier. Laver soigneusement avec de l'alcool ou de l'eau-de-vie. Si la plaie siège à un membre, le serrer avec un lien au-dessus de la morsure. Donner à l'intérieur des breuvages alcooliques chauds.

Morsure d'animaux enragés. — Avant d'indiquer les premières mesures à prendre lors de la morsure d'un chien suspect de rage, il est indispensable, croyons-nous, de faire connaître les principaux symptômes, de mettre en lumière les caractères saillants de cette redoutable affection. Au début, le chien est triste, inquiet ; il recherche les endroits obscurs et écartés ; le moindre

bruit attire son attention ; la vue d'un objet brillant le surexcite ;
alors on le voit s'élancer et happer l'air comme s'il voulait saisir
une mouche au vol. Jusque-là il est encore doux et affectueux ;
bientôt l'appétit diminue, puis finit par se perdre. Un peu plus tard
le besoin de mordre se fait sentir, l'animal déchire tous les objets
qui sont à sa portée, avale une foule de corps étrangers et jusqu'à
des excréments, mais on ne doit jamais perdre de vue que le chien
n'est pas hydrophobe, qu'il n'a pas horreur de l'eau. La voix est
modifiée, c'est un aboiement rauque terminé par des hurlements
aigus, une voix lugubre qui inspire de la crainte, de la terreur.
Très souvent la vue d'un autre chien suffit pour faire naître, chez
celui qu'on présume suspect, des accès plus ou moins furieux.

Une fois la rage confirmée, le chien a des hallucinations, des
accès de furie et éprouve une envie irrésistible de mordre tous les
êtres vivants qu'il rencontre ; il devient agressif, cherche à briser
son lien d'attache, s'échappe chaque fois qu'il le peut et parcourt
des distances énormes dans un temps très court. Les accès furieux
sont intermittents et séparés par des périodes de calme et de
somnolence. Quand un chien a déserté pendant un certain temps
la maison de son maître et que, dans un moment de tranquillité,
il revient défiguré, amaigri et affamé, il ne faut pas trop se pres-
ser pour le secourir, mais l'enchaîner et le surveiller étroitement.

A la période d'excitation succède une période d'affaissement,
puis de paralysie ; alors la mort arrive à grands pas, mais jusqu'au
dernier moment le besoin de mordre persiste et il faut redouter
l'approche du chien.

Premiers soins. — Les secours ne sauraient être trop prompts
ni trop énergiques. Si la morsure se trouve sur un membre, serrer
fortement au-dessus de la plaie avec une corde ou un lien quelconque, afin d'intercepter la circulation du sang ; débrider largement et faire saigner le plus possible ; laver à l'alcool puis cautériser la plaie au fer rouge.

Obstruction de l'œsophage.

Fréquent surtout chez le bœuf, cet accident se produit quand,
après avoir été avalé, un corps étranger (pomme de terre,

navet, etc.) s'arrête dans une portion du canal qui devait le conduire à l'estomac.

Symptômes. — L'animal est inquiet, agité ; il fait entendre une toux quinteuse, bave abondamment et rejette aussitôt les aliments qu'il cherche à prendre. La respiration est gênée et le flanc gauche plus ou moins tendu. Lorsque l'obstruction de l'œsophage est complète, le ballonnement acquiert rapidement de très grandes proportions.

Premiers soins. — Faire avaler à petites gorgées de l'huile ou de l'eau de lin, puis, si le corps est arrêté dans le trajet du cou, chercher à le faire remonter en exerçant de légères pressions sur l'œsophage.

Se défier du repoussement, s'il ne doit pas être fait par une main habile, et surtout ne jamais recourir au broiement, cette opération étant presque toujours suivie de complications mortelles.

Paralysie.

On désigne sous le nom de paralysie une affection qui consiste en la privation plus ou moins complète des facultés de sentir ou de mouvoir.

La paralysie du train de derrière, encore appelée paraplégie, est la plus fréquente chez le cheval. Elle se déclare souvent d'une manière soudaine : l'animal, pris de tremblements, fléchit les membres ; la pince est traînée sur le sol ; le corps se couvre de sueur, la respiration devient difficile, les naseaux sont largement ouverts, les yeux injectés. Bientôt la chute se produit et les efforts tentés par le malade pour soulever le train de derrière restent infructueux.

Premiers soins. — Si le cheval tombe pendant qu'il est au travail, le transporter le plus près possible, mais en évitant de tirer sur les membres postérieurs. Prendre toutes les précautions nécessaires pour l'empêcher de se blesser à l'écurie ; pratiquer une saignée si cela est possible ; faire des frictions sinapisées sur les reins et les cuisses ; donner des lavements d'eau savonneuse ou d'eau froide salée.

Parturition.

La parturition est l'acte par lequel le fœtus, arrivé à terme, est expulsé de la matrice; on l'appelle encore part, accouchement ou mise bas.

La durée de la gestation chez les principales espèces domestiques est la suivante :

La jument porte de 340 à 360 jours ou environ 11 mois 1/2.
La vache   —   275 à 290   —   9 mois 1/2.
La brebis   —   147 à 151   —   5 mois.
La truie   —   116 à 125   —   4 mois.
La chienne   —   58 à 65   ---   2 mois.
La chatte   —   50 à 60   —   2 mois.

Symptômes du part. — Quelques jours avant la mise bas les mamelles se gonflent, les flancs se creusent, le ventre descend, la vulve se tuméfie et laisse écouler une humeur glaireuse. Lorsque le part est sur le point de s'effectuer, la femelle se montre inquiète, trépigne comme si elle était atteinte de coliques et fait des efforts expulsifs. Le travail continuant, les lèvres de la vulve s'écartent, puis on voit apparaître la poche des eaux qui ne tarde pas à se rompre; enfin a lieu l'expulsion du fœtus.

Soins pendant la parturition. — Si le part est languissant, introduire le bras huilé dans le vagin et s'assurer de la position du fœtus. S'il existe un obstacle, appeler le vétérinaire en se gardant d'opérer des tractions intempestives. Si, au contraire, le fœtus a une présentation convenable, administrer à la femelle des breuvages excitants dans le but de relever les forces et attendre que le travail se poursuive.

Ne pas perdre de vue que le poulain peut mourir au bout de deux ou trois heures, et qu'il est urgent d'intervenir chez la jument si peu que dure l'accouchement.

Soins à la mère après le part. — Frictions sèches sous le ventre; donner un barbotage clair et tiède ou 1 litre de vin chaud sucré; veiller à la sortie du délivre. Mettre la femelle à l'abri des courants d'air et la couvrir suivant l'état de la température.

Soins au produit. — Lier le cordon ombilical, même en cas de

rupture directe, afin de prévenir l'hémorragie. Enlever les matières filantes qui peuvent obstruer les naseaux et la bouche. Sécher
le nouveau-né avec un linge, le saupoudrer d'un peu de sel ou de
farine et le présenter à la mère qui le léchera. Faire prendre la
mamelle au jeune sujet une heure environ après la mise bas.

En cas de syncope ou de mort apparente, insuffler de l'air dans
les naseaux, pratiquer la respiration artificielle ou mieux employer
le moyen préconisé par M. Mutelet qui consiste à attirer brusquement la langue du nouveau-né et à la lâcher aussitôt pour renouveler cette traction trois ou quatre fois par minute.

Piqûres d'insectes.

D'une manière générale et lorsqu'elles sont isolées, les piqûres
des abeilles, guêpes ou frelons sont insignifiantes, mais en grand
nombre elles provoquent la fièvre, déterminent de la tuméfaction,
une douleur très vive et peuvent même entraîner la mort.

Premiers soins. — Lavages à l'eau fraîche sur toutes les parties
du corps, puis lotions d'eau vinaigrée ou d'eau de Cologne. Dans
les cas graves administrer du café ou du thé.

Comme préservatif des piqûres de mouches pour les chevaux
excitables, frictionner ceux-ci avec des feuilles vertes de noyer
ou imbiber le poil avec une décoction de ces feuilles.

Plaies.

On désigne par ce mot les solutions de continuité qui intéressent
la peau et les tissus sous-jacents.

Les plaies sont *simples* ou *complexes;* leur gravité varie dans
de très grandes limites suivant leur étendue, leur profondeur, la
nature des organes atteints, etc.

Premiers soins. — Les plaies superficielles guérissent rapidement, mais si les muscles sont divisés et les vaisseaux atteints, il
peut se déclarer un écoulement de sang qu'il importe tout d'abord
d'arrêter en suivant les indications données à l'article *hémorragie*
(page 160). Cela fait, on tamponne légèrement à l'aide d'un linge

imbibé d'eau-de-vie ou d'alcool étendu; puis, si la plaie est profonde et irrégulière, on applique des tampons d'étoupe ou de coton, après quoi on tâche d'en rapprocher les lèvres à l'aide d'un pansement maintenu par un linge ou quelques tours de bande.

Dans tous les cas, il convient de nettoyer préalablement la plaie des corps étrangers qui peuvent la souiller.

Refroidissement.

Le refroidissement, auquel les animaux sont si souvent exposés, peut provoquer des maladies graves, parmi lesquelles la fluxion de poitrine, la bronchite, etc.

Lorsqu'un animal a ressenti vivement l'action du froid et qu'on le voit trembler, on doit le bouchonner vigoureusement sur tout le corps, lui appliquer sur le dos des sacs remplis de cendre chaude ou promener des briques chaudes sur la peau. Breuvages chauds alcooliques et bonne couverture.

Renversement.

Renversement du vagin. — On nomme ainsi la sortie du vagin à travers les lèvres de la vulve. Cet accident s'observe souvent sur les femelles prêtes à mettre bas ou venant d'accoucher.

Symptômes. — Le renversement vaginal est caractérisé par une tumeur plus ou moins volumineuse qui pend hors de l'orifice vulvaire et dont la surface lisse est d'un rouge foncé. La femelle a des coliques, fait des efforts expulsifs et ne peut uriner.

Premiers soins. — Laver soigneusement la tumeur, l'envelopper d'un linge fin et essayer de la faire rentrer. Si la réduction est trop difficile, faire simplement des lotions d'eau froide ou d'une décoction d'écorce de chêne et appeler le vétérinaire. Dans tous les cas, élever autant que possible l'arrière-train par de la litière ou du fumier.

Renversement de la matrice. — Assez fréquent chez la vache, ce renversement se produit aussitôt après l'accouchement.

Symptômes. — La matrice renversée forme une masse plus ou moins volumineuse descendant parfois jusqu'aux jarrets; sa surface est plissée, rouge, violacée. La femelle est inquiète, se couche et se relève sans cesse, se livre à des efforts très énergiques.

Premiers soins. — La réduction de la matrice est une opération délicate qui doit toujours être confiée au vétérinaire afin d'éviter des suites fâcheuses.

Après avoir nettoyé l'organe avec une éponge imbibée d'eau tiède, il convient de l'envelopper dans un grand linge mouillé et de l'arroser constamment d'eau fraîche pour enrayer la congestion. On calme ensuite les efforts en administrant à la femelle du vin additionné d'eau-de-vie jusqu'à produire l'ivresse; enfin on donne des lavements d'eau de son pour vider le rectum.

Renversement du rectum. — Chute du rectum (dernière portion de l'intestin) par l'orifice de l'anus, formant une tumeur plus ou moins volumineuse.

Cet accident se produit après l'administration de lavements trop chauds ou trop purgatifs; il peut accompagner la constipation opiniâtre ou, au contraire, une diarrhée rebelle; il est assez fréquent chez le cheval et le porc.

Symptômes. — Apparition à l'anus d'une tumeur rouge, lisse, gonflée. L'animal fait des efforts plus ou moins violents.

Premiers soins. — Laver la tumeur à l'eau fraîche ou à la décoction d'écorce de chêne, ce qui suffit quelquefois pour la faire rentrer d'elle-même. Breuvages alcooliques, si les efforts sont violents. Lavements acidulés avec un peu de vinaigre.

Tétanos.

Le tétanos est une maladie infectieuse caractérisée par la raideur des muscles; on l'observe sur tous les animaux domestiques, mais le plus souvent chez le cheval et chez l'âne.

Le tétanos peut compliquer la moindre plaie, l'opération la plus simple.

Symptômes. — Au début, frissons, contraction des mâchoires qu'on ne peut écarter, raideur plus ou moins grande des membres.

Si la maladie se généralise, l'animal ne peut plus prendre d'aliments et salive beaucoup ; il a l'encolure raide, tendue, les oreilles droites, la respiration gênée, les naseaux fortement dilatés et presque fixes, la queue portée horizontalement. La sensibilité est telle que la lumière, le moindre bruit, le plus léger attouchement exaspère le malade. .

Premiers soins. — Couvrir l'animal et l'isoler dans une écurie sombre sont les seules précautions à prendre en attendant la visite du vétérinaire. Se garder de donner des breuvages qui pourraient porter à faux et augmenter le mal.

Vertiges.

Le vertige est une maladie du cerveau dans laquelle les animaux ont une tendance irrésistible à tourner ou plutôt à pousser en avant.

On distingue le vertige essentiel et le vertige symptomatique. .

Vertige essentiel. — *Symptômes.* — Au début, tête basse, front appuyé contre le mur ou la mangeoire, yeux ouverts et fixes, abattement profond. A la période de calme succède une période d'excitation : l'animal se jette en avant, monte dans la mangeoire, frappe violemment le sol avec ses pieds ou bien renverse la tête en arrière et tire sur sa longe. Libre, le malade cherche à marcher en cercle mais tombe presque aussitôt. Pendant les crises, la respiration est accélérée, le corps trempé de sueur. Dans quelques cas la mort survient très rapidement.

Premiers soins. — Pratiquer la saignée de suite, si c'est possible ; affusions d'eau froide sur le crâne ; frictions de farine de moutarde sur les membres ; lavements d'eau savonneuse.

Prendre les précautions nécessaires pour éviter les contusions pendant les accès.

Vertige symptomatique. — Encore appelée indigestion vertigineuse, cette forme du vertige est fréquente chez les animaux fortement nourris avec du foin de trèfle ou de luzerne.

Symptômes. — Le vertige symptomatique s'annonce par des coliques accompagnées parfois de météorisme; il y a des moments de stupeur faisant bientôt place à des accès plus ou moins furieux, pendant lesquels l'animal *pousse au mur*, monte dans la mangeoire.

Premiers soins. — Éviter la saignée qui, si elle est indiquée, sera faite par le vétérinaire; frictions énergiques sur les membres avec du vinaigre chaud ou de l'essence de térébenthine. Lavements. Promenades pendant les moments de calme.

APPENDICE

MALADIES CONTAGIEUSES

Généralités.

On donne le nom de *maladies contagieuses* à uue série d'affections dont la funeste propriété est de se transmettre au moyen d'un « germe » qui, transporté d'un animal malade sur des individus sains, se multiplie chez ces derniers en reproduisant toujours les mêmes altérations.

L'agent contagieux peut être représenté par des parasites proprement dits (poux, acariens, etc.), par des miasmes répandus dans l'atmosphère, et enfin par des êtres microscopiques appelés *virus* ou *microbes*.

L'absorption des virus a lieu par un point quelconque de la surface du corps, soit par une plaie, le plus souvent imperceptible, intéressant la peau ou les muqueuses apparentes, soit par l'appareil digestif, soit enfin par les voies respiratoires et même par les pores dont la peau est criblée. La plus petite quantité suffit pour provoquer l'éclosion du mal.

Le temps écoulé entre l'introduction du virus dans l'organisme et l'apparition des premiers symptômes auquel il donne lieu représente la période d'incubation. Celle-ci varie d'ailleurs avec la nature de la maladie, l'espèce animale atteinte, etc.

Les maladies contagieuses sont très graves; elles causent d'énormes préjudices à l'élevage, diminuent la fortune publique et compromettent souvent la vie de l'homme. Nous avons cru utile de présenter sur ces affections redoutables quelques notions capables de guider le cultivateur, mais le cadre de cet ouvrage ne nous permettant pas de les décrire toutes, nous nous bornerons à étudier celles qui présentent le plus d'importance, soit au point de vue du danger qu'elles font courir à l'homme lui-même, soit en raison de leur fréquence et des pertes souvent considérables qu'elles infligent à l'agriculture.

Charbon.

On désigne sous ce nom deux maladies différentes : la *fièvre charbonneuse,* encore appelée *sang de rate*, et le *charbon symptomatique.*

Fièvre charbonneuse. — Transmissible aux animaux herbivores et à l'homme, cette affection est due à la pullulation dans l'organisme d'un virus (bactéridien[1]) que l'on rencontre dans le sang et dans les tissus.

La fièvre charbonneuse cause annuellement à l'agriculture des pertes considérables; elle se montre de préférence chez le mouton, la chèvre et le bœuf, mais elle peut attaquer aussi les solipèdes et même quelquefois les sujets de l'espèce porcine.

Après avoir fait une première apparition, la maladie se rencontre ordinairement tous les ans par la conservation des germes charbonneux que les animaux trouvent dans les pâturages où ils sont mélangés aux poussières, aux boissons et aux aliments.

La contagion peut s'exercer directement de l'animal malade à un individu sain. Les personnes qui manipulent des cadavres ou des débris charbonneux sont exposées à contracter le mal lorsqu'elles portent des excoriations aux mains ou qu'elles se blessent en exécutant leur travail, mais dans la majorité des cas, la transmission du charbon s'opère par l'intermédiaire de l'air ou d'un véhicule quelconque, les bactéridies s'introduisant dans l'organisme par les voies respiratoires ou par les voies digestives, quand l'inoculation ne se fait pas à la faveur d'une plaie mise en contact avec des corps vivants ou inertes souillés par les malades.

Les mouches, elles-mêmes, peuvent devenir les agents de propagation du charbon en deposant sur une blessure le germe contagieux, en inoculant, à l'aide de leur trompe, les individus qu'elles piquent après avoir sucé des matières virulentes.

La période d'incubation de la fièvre charbonneuse varie avec les animaux, les espèces atteintes et aussi avec la dose de virus absorbé. Souvent le mal se déclare d'une manière soudaine; il revêt d'emblée des caractères graves, évolue très vite et amène presque toujours la mort; mais les symptômes par lesquels il se traduit n'étant pas les mêmes dans toutes la série animale, nous allons indiquer brièvement les caractères qu'il présente dans chaque espèce.

Charbon du mouton et de la chèvre. — Le sang de rate[2] débute brusquement sans être annoncé par aucun signe et il se termine ordinairement très vite par la mort. Tout à coup l'animal cesse de manger ou de ruminer; il se livre à des mouvements insolites, piétine, tourne en cercle, tombe, se débat, rejette de l'écume sanguinolente par les naseaux, urine du sang et meurt en quelques instants.

Dans certains cas la marche de la maladie est moins rapide; alors on constate la perte de l'appétit, l'arrêt de la rumination, le ballonnement du ventre. La respiration pénible et râlante s'accompagne d'un écoulement de sang par les naseaux; l'urine devient sanguinolente et l'on en provoque l'écoulement en pressant sur le nez du malade. Des tremblements se produisent; la vue s'égare; l'animal tombe, fait entendre des grincements de dents, rejette du sang par les ouvertures naturelles. puis enfin surviennent les convulsions et la mort.

Charbon du bœuf. — Chez les grands ruminants la fièvre charbonneuse peut être foudroyante, mais c'est l'exception. La maladie débute par la tristesse,

---

1. D'où le nom de charbon bactéridien donné à cette maladie.
2. Nom par lequel on désigne habituellement la fièvre charbonneuse de l'espèce ovine.

de l'inappétence et des grincements de dents. Des tremblements et des sueurs surviennent; les reins sont plus sensibles qu'à l'état normal; on observe parfois des coliques, des trépignements. Les forces diminuent promptement; les muqueuses de l'œil et celles de la bouche sont injectées. La respiration est accélérée; les oreilles et la base des cornes se refroidissent, le mufle est sec, la langue violacée et quelquefois pendante. Dans quelques cas des tumeurs se produisent sur la surface du corps; les malades rendent parfois du sang par les naseaux.

La durée de la maladie varie de quelques heures à quelques jours.

Tous les animaux atteints de fièvre charbonneuse ne succombent pas. La guérison est plus fréquente chez les bêtes bovines que chez les autres espèces; elle peut même se produire spontanément sans qu'aucun traitement intervienne.

Charbon des animaux solipèdes. — Les symptômes ordinaires par lesquels la fièvre charbonneuse s'annonce chez le cheval sont les suivants : inappétence, tristesse, coliques intermittentes, faiblesse du train postérieur, etc. Les muqueuses se montrent foncées ou violacées; la langue est congestionnée; les malades se livrent fréquemment à des efforts expulsifs; le rectum se renverse quelquefois; les excréments deviennent diarrhéiques et sanguinolents. La respiration est précipitée, des sueurs se montrent, les animaux s'affaiblissent, tombent et meurent dans les convulsions. La marche de la maladie est parfois foudroyante; dans certains cas on peut voir se former des tumeurs à la surface du corps.

La fièvre charbonneuse est très grave chez les chevaux qui succombent presque tous dans l'espace de quelques heures. Les ânes semblent offrir plus de résistance au mal.

Charbon du porc. — Le charbon atteint rarement le porc; cependant il a été constaté chez cet animal après l'ingestion de débris charbonneux. Presque toujours l'affection se traduit par une angine; on constate un engorgement autour de la gorge; il y a de la fièvre, de l'inappétence, de l'abattement, de la faiblesse du train postérieur, de la diarrhée, des taches rouges à la peau, etc. La maladie dure de un à six jours.

Charbon de l'homme. — C'est souvent à la suite d'une inoculation accidentelle que l'homme contracte la fièvre charbonneuse; celle-ci débute alors par une lésion locale, la pustule maligne. Cependant des cas de charbon interne se montrent quelquefois après l'introduction des germes dans les voies digestives ou respiratoires.

La pustule maligne se manifeste par un gonflement, un œdème chaud et douloureux partant du point inoculé pour s'étendre de proche en proche. La maladie se généralise quand les germes ont été entraînés par la circulation dans les organes; les malades éprouvent des maux de tête, des nausées; il se produit des vomissements, de la diarrhée, puis l'asphyxie et les convulsions surviennent.

Dans le charbon interne on observe du ballonnement, une diarrhée sanguinolente, des symptômes cérébraux, etc.

Le traitement de la pustule maligne comporte la scarification, la cautérisation de la tumeur et l'emploi des désinfectants (sublimé, acide phénique).

En résumé, la fièvre charbonneuse est une affection d'une gravité exceptionnelle tant par la mortalité qu'elle entraîne que par sa transmissibilité à l'homme, par l'impossibilité de livrer à la consommation les animaux atteints et surtout à cause de l'infection longtemps persistante des champs maudits[1].

Les germes charbonneux peuvent être disséminés de diverses façons. Le déplacement des troupeaux ou des malades, le transport des cadavres, des fumiers et des fourrages récoltés sur des prés infectés concourent pour une large part à la diffusion du microbe.

Quant au traitement de la fièvre charbonneuse il est à peu près nul, et les sorciers, les vendeurs de panacées qui exploitent la crédulité publique n'ont jamais guéri que des maladies imaginaires ou n'ayant aucun rapport avec le charbon. Seule la vaccination préventive, dont les bienfaits sont indiscutables, doit être conseillée aux cultivateurs qui, habitant des régions infectées, n'ont pas encore eu recours à cette méthode.

Charbon symptomatique. — Le charbon symptomatique est une maladie infectieuse particulière au bœuf; on ne l'observe que très rarement chez le mouton; elle ne semble pas transmissible à l'homme.

Déterminée par un microbe spécial appelé bactérie, l'affection dont il s'agit débute soudainement par une fièvre plus ou moins intense, une raideur générale, de la tristesse, la perte de l'appétit et l'arrêt de la rumination. On constate des frissons, des tremblements dans certaines régions, aux fesses, aux épaules, la sécheresse du mufle, le refroidissement des extrémités, quelquefois de légères coliques et un peu de météorisation. Une boiterie se manifeste fréquemment, et bientôt on constate l'apparition d'une tumeur qui, à elle seule, constitue le symptôme le plus important et le plus grave de la maladie. Cette tumeur peut se montrer dans différentes régions; à la cuisse, à l'encolure, au poitrail, à l'épaule, à la croupe; jamais elle ne siège au-dessous du genou ou du jarret.

Irrégulière, mal circonscrite, la tumeur charbonneuse s'étend très rapidement en tous sens et acquiert un volume considérable en quelques heures. D'abord chaude et douloureuse, elle se refroidit et devient peu à peu insensible et crépitante; les incisions que l'on y pratique donnent écoulement à un liquide rouge foncé.

En même temps que la tumeur se développe on voit la fièvre augmenter, la respiration devenir plaintive et accélérée. Bientôt la faiblesse oblige le malade à se laisser tomber, et la mort survient de trente-six à cinquante-cinq heures après le début du mal.

Le charbon symptomatique est une maladie grave qui tue souvent les animaux, cependant il peut se terminer par la guérison.

Le virus existe dans les tumeurs et dans certains organes: le sang ne le renferme qu'à la fin de la maladie. Le microbe se conserve longtemps dans le sol et à sa surface, ce qui permet de concevoir comment les animaux qui vivent dans les régions infectées peuvent à tout instant les introduire dans leur organisme. La contagion s'exerce surtout par les germes provenant des malades ou

---

1. On sait que les germes charbonneux se conservent pendant des années dans la terre où ont été enfouis les animaux. Or, ramenés à la surface du sol par les vers et quelquefois par la charrue, ces germes se répandent sur les plantes quand ils ne sont pas soulevés par la poussière, entraînés par les pluies dans les ruisseaux et dans les mares. Ce fait explique l'apparition du charbon chez les animaux qui pâturent sur ces terres que l'on a qualifiées de champs ou pâturages maudits.

des cadavres; elle peut avoir lieu par l'intermédiaire d'objets souillés susceptibles de blesser les animaux; par les poussières en suspension dans l'air,
enfin par les aliments et les boissons.

Le charbon symptomatique, nous l'avons déjà dit, peut guérir quelquefois,
mais quand la guérison se produit elle semble s'opérer spontanément, la mali-
gnité de la maladie et la rapidité de sa marche rendent inutile toute interven-
tion médicale.

Ici, comme dans la fièvre charbonneuse, la vaccination rend de grands services et doit être mise en pratique.

Morve.

Maladie particulière aux solipèdes, la morve s'observe sur le cheval, l'âne,
le mulet et le bardot, mais elle peut aussi se développer sur d'autres espèces
et sur l'homme.

Le pus et le jetage nasal servent surtout de véhicule au virus morveux qui
existe aussi dans le sang et dans les organes.

La contamination d'un animal sain par un cheval morveux peut s'opérer par
différents intermédiaires tels que harnais, couvertures, seaux, litières, etc.
Presque toujours il y a une inoculation véritable, c'est-à-dire dépôt du pus
virulent sur la muqueuse respiratoire ou la peau le plus souvent excoriée.

La morve peut se présenter sous la forme aiguë ou sous la forme chronique;
nous allons passer en revue ces deux états.

Morve aiguë. — Rare chez le cheval, la morve aiguë est au contraire la
forme ordinaire chez l'âne, le mulet et le bardot.

La maladie débute par des frissons, une fièvre plus ou moins forte; bientôt
apparaît un jetage de nature particulière, sanguinolent, mélangé de pus et
quelquefois aussi de salive et de matières alimentaires. La muqueuse des
naseaux est criblée de petits boutons; la respiration devient pénible et sifflante;
le malade avale difficilement, puis finit par perdre complètement l'appétit. La
faiblesse est très grande et l'amaigrissement, des plus rapides.

En général la morve aiguë entraîne la mort du troisième au quatorzième
jour.

Morve chronique. — Généralement le premier symptôme de la morve chronique est un jetage se montrant dans un seul naseau ou des deux côtés. Gris
jaunâtre ou vert jaunâtre, ce jetage est de mauvais aspect et plus ou moins
sanguinolent. Il peut exister aussi sur la cloison nasale des « chancres » dont
les caractères ne sauraient être indiqués ici et que seul l'homme de l'art peut
reconnaître; enfin le troisième symptôme de la morve est une glande située
dans l'auge et le plus souvent bosselée ou adhérente à la mâchoire inférieure.

Quant au *farcin*, qui n'est autre chose qu'une manifestation de la morve,
il se caractérise par des boutons se montrant ordinairement à l'épaule, au
poitrail ou au ventre; ces boutons, dont les dimensions varient de celles d'un pois
à celles d'une noix, se transforment presque toujours en chancres donnant
écoulement à un pus jaunâtre, huileux, de mauvaise nature.

La morve chronique a une marche très lente; sa durée peut atteindre six ou
sept ans.

Nous avons dit que la morve est susceptible de se développer chez l'homme; le plus habituellement l'infection s'opère par les mains, les lèvres, la muqueuse du nez ou celle de l'œil. Après une période d'incubation de trois à cinq jours, la maladie débute par une tumeur siégeant au point d'inoculation; dans presque tous les cas on observe un écoulement nasal et des chancres sur la pituitaire, des pustules, des abcès cutanés, des ulcérations de la bouche, etc. Chez la plupart des sujets la mort survient au bout de deux à quatre semaines; toutefois, il se peut que la morve passe à l'état chronique et se prolonge pendant des mois ou même des années.

Tant que l'affection est simplement locale on peut en obtenir la guérison par une cautérisation profonde, mais dès que l'infection morveuse est généralisée tout traitement devient inutile.

On le voit, les personnes chargées de donner leurs soins aux animaux atteints ou suspects de morve ne sauraient être trop prudentes. Voici, du reste, les indications qu'elles devront suivre pour se préserver de la contagion : éviter de coucher dans les écuries occupées par les malades; ne jamais se servir des couvertures qui auraient été en contact avec ceux-ci et ne seraient pas désinfectées; se laver après le pansage de chaque animal; cautériser les plaies ou écorchures qu'on pourrait avoir aux mains; prendre garde de se souiller avec le jetage et surtout de se blesser en nettoyant les mangeoires, auges ou râteliers, en manipulant les fourrages, litières et objets quelconques salis par les sujets atteints; ne jamais marcher pieds nus dans les écuries.

Les propriétaires ne doivent pas perdre de vue qu'ils sont civilement responsables et que pour ne pas avoir indiqué les mesures de précaution nécessaires ils peuvent être poursuivis en dommages-intérêts et même se voir condamner à l'amende et à la prison.

Pneumo-entérite infectieuse.

La pneumo-entérite infectieuse est, comme le rouget, une affection particulière au porc; elle frappe indifféremment toutes les races et, de préférence, les animaux jeunes.

Les premiers symptômes de la maladie n'ont rien de caractéristique. Les animaux accusent de la fièvre, ils sont tristes, abattus, très souvent couchés, et font entendre des grognements plaintifs lorsqu'on les dérange; la respiration est accélérée.

Les signes du début s'accusent de plus en plus; les malades semblent endormis, se tiennent difficilement debout, enfoncent le groin dans la litière, et une fois couchés se relèvent avec peine; le train postérieur est faible, quelquefois paralysé.

Pendant les premiers temps les animaux sont constipés et les excréments se montrent recouverts d'un enduit glaireux, bientôt — si l'affection revêt la forme intestinale — survient une diarrhée abondante; les déjections sont liquides, jaunâtres et exhalent une odeur fétide.

Dès que les poumons sont atteints on observe une gêne plus ou moins grande de la respiration, du jetage, une toux quinteuse, profonde, un battement du flanc.

Comme dans le rouget, on remarque quelquefois des taches rouges à la peau, mais ces taches n'apparaissent qu'à la dernière période de la maladie.

La marche de la pneumo-entérite est assez lente : sauf de très rares exceptions, elle provoque fatalement la mort. La durée moyenne de la maladie est de vingt à vingt-cinq jours; elle n'est jamais inférieure à huit ou dix jours et peut même atteindre quatre, cinq ou six semaines.

Le microbe spécial qui détermine cette affection se trouve dans les organes malades, dans le sang, le jetage, les excréments et les urines.

La contagion s'exerce dans les conditions indiquées pour le rouget. Ici encore il n'y a aucun traitement à opposer au mal, et la vaccination pratiquée dans le but de le prévenir n'a pas jusqu'ici donné de résultats satisfaisants.

Rouget.

Maladie spéciale aux animaux de l'espèce porcine, le rouget est fréquent en France où il occasionne des pertes considérables.

Cette affection, déterminée par un microbe particulier, débute par la fièvre. Les animaux ont les extrémités alternativement chaudes et froides : la respiration est précipitée; les muqueuses sont injectées et présentent une teinte violacée.

Les malades sont tristes, abattus; ils restent couchés la tête enfoncée dans la litière et ne se déplacent que si on les y oblige; la faiblesse du train de derrière est très prononcée; la queue, flasque et molle, ne forme plus le tire-bouchon.

La digestion est profondément troublée dans la plupart des cas; l'appétit est diminué ou perdu, mais la soif persiste dans une certaine mesure; des vomissements peuvent se montrer au début. Les excréments, d'abord durs, se ramollissent, la diarrhée survient; on constate parfois une toux rauque.

Bientôt des taches rouges apparaissent sur différentes régions du corps. D'abord limitées, ces taches s'étendent et se confondent pour former des plaques dont la teinte peut varier depuis le rose clair jusqu'au rouge bleuâtre, violacé, presque noir. On observe surtout ces rougeurs à la base des oreilles, à la face interne des membres, sous le ventre et sous la poitrine. Dans certains cas elles sont petites et peu nombreuses; d'autres fois, au contraire, elles envahissent la plus grande partie du corps.

L'évolution du rouget est généralement rapide; dans quelques cas la mort peut survenir en deux ou trois heures : tel animal qui était bien portant la veille et qui avait mangé au repas du soir est trouvé mort, couvert de taches rouges, le lendemain matin.

D'autre part, la maladie peut se prolonger cinq, huit et même dix jours; alors la diarrhée s'aggrave, la faiblesse du train de derrière augmente; la respiration se montre de plus en plus précipitée et la mort survient.

Tous les animaux atteints du rouget ne succombent pas [1]; quelques-uns résistent, mais la guérison peut être lente ou incomplète. Il arrive que les malades restent maigres et chétifs; dans ces conditions ils ont l'appétit capricieux; une diarrhée persistante les épuise; ils marchent difficilement et s'essoufflent au moindre exercice.

---

1. La mortalité est de 70 à 80 pour 100.

Le rouget est plus fréquent et plus grave en été qu'en hiver, pendant les années humides que pendant les années sèches, dans les porcheries étroites, encombrées, mal ventilées et mal tenues. Les sujets des races perfectionnées paraissent plus sensibles à cette affection que les races indigènes; les porcelets à la mamelle sont très rarement atteints.

La contagion du rouget ne fait aucun doute. La maladie se propage par les relations de voisinage d'une ferme à l'autre; elle se montre dans les localités indemnes à la suite de l'importation d'animaux malades ou contaminés venant de pays infectés; elle est disséminée par le déplacement des troupeaux, par les foires et les marchés.

Les organes malades, le sang et parfois aussi le lait et l'urine renferment le germe contagieux, mais celui-ci est surtout abondant dans les matières excrémentielles.

Les sujets qui présentent de la diarrhée sont particulièrement dangereux, parce qu'ils rejettent des quantités considérables de matière virulente. Les cadavres, les débris cadavériques sont également des intermédiaires puissants de contagion.

Le rouget peut se communiquer de la mère au fœtus. La transmission peut avoir lieu à la suite des rapports de contact que les animaux ont dans les locaux, mais c'est surtout par voie indirecte que s'opère la contamination. Les ustensiles ayant servi aux malades, les aliments liquides ou solides salis par leurs déjections, les personnes qui ont circulé d'une porcherie saine dans une porcherie infectée peuvent aussi propager le mal.

Le germe contagieux peut envahir l'organisme par les voies les plus diverses, mais neuf fois sur dix c'est par le tube digestif que les animaux se contaminent en ingérant des aliments souillés.

La marche rapide et souvent foudroyante du rouget fait qu'aucun traitement ne peut lui être opposé d'une manière efficace. La seule mesure qu'on doive conseiller, la seule qui soit vraiment bonne, c'est la vaccination préventive qui, partout où elle est sérieusement appliquée, donne des résultats merveilleux.

Tuberculose.

Encore appelée *phtisie tuberculeuse* ou *pommelière* chez les grands ruminants, la tuberculose est une affection contagieuse déterminée par un microbe spécial et caractérisée par la présence dans les organes de foyers ou granulations auxquels on a donné le nom de *tubercules.*

Cette maladie, qui sévit continuellement sur l'homme et à laquelle on peut attribuer un cinquième de la totalité des décès, se montre aussi fort souvent sur nos animaux domestiques et en particulier sur les bovins; elle est transmissible aux solipèdes, au porc, au mouton, à la chèvre, au chien, au chat et aux oiseaux de basse-cour. En raison de sa diffusion, de sa fréquence, des pertes qu'elle occasionne et surtout à cause des dangers incessants qu'elle fait courir à l'espèce humaine, cette affection présente un caractère de gravité exceptionnel.

Nous nous occuperons principalement de la tuberculose bovine qui, au point de vue où nous nous sommes placé, est de beaucoup la plus importante.

Tuberculose bovine. — La tuberculose a été connue de tout temps chez les grands ruminants; ceux-ci sont atteints dans une proportion qui varie de 1 à 3 pour 100, et l'affection se montre surtout fréquente sur les animaux âgés. Les bœufs de travail, les vaches employées trop longtemps à la reproduction, les laitières, surtout lorsqu'elles ont été entretenues à l'étable, payent un large tribut à la phtisie. On l'a observée aussi quelquefois sur de jeunes veaux, soit qu'ils en eussent hérité de leur mère, soit qu'ils l'eussent contractée en buvant du lait virulent.

La tuberculose revêt le caractère chronique; elle a ordinairement une marche lente et peut exister depuis un certain temps sans que les individus atteints paraissent en souffrir.

Le premier symptôme qui appelle l'attention est la toux. Profonde, petite, sèche, un peu avortée, cette toux ne s'accompagne pas de jetage; elle se produit quelquefois par quintes et se fait entendre principalement le soir et le matin, soit pendant le repas ou quand les animaux boivent, soit pendant le travail. Avec la toux on peut constater, dans certains cas, un léger essoufflement rendu plus sensible par l'exercice.

La maladie suivant son cours, d'autres symptômes apparaissent. La toux est plus facile à provoquer et devient parfois grasse; on note un jetage plus ou moins abondant, grisâtre ou jaunâtre; la respiration se montre courte, irrégulière, plaintive; les animaux s'essoufflent au moindre exercice. Enfin, à la dernière période de la maladie, la toux ébranle tout le corps; le jetage est plus abondant, grumeleux, jaunâtre, fétide, quelquefois strié de sang. La respiration est agitée, plus courte, plus irrégulière, parfois bruyante.

Niée jadis par certains auteurs, la contagion de la tuberculose est admise aujourd'hui sans conteste, les faits observés dans la pratique ne laissant subsister aucun doute à cet égard. On a vu l'affection dont il s'agit s'introduire dans une ferme avec une vache phtisique et s'y propager quoique l'étable fût tenue d'une manière convenable. On a signalé des cas de transmission entre animaux de même espèce ou d'espèces différentes par la cohabitation, par l'intermédiaire de l'air, des aliments, des boissons souillées de matières tuberculeuses, et aussi par des produits ou des débris provenant de bêtes malades. On a cité le cas d'une jeune fille mourant de la tuberculose pendant que la même maladie emportait dix vaches en quatre ans dans la ferme qu'elle habitait. On a parlé également d'un enfant de cinq ans qui serait mort tuberculeux pour avoir bu longtemps le lait d'une vache phtisique.

Le microbe existe dans les tissus malades, dans les produits de l'expectoration (crachats), dans les matières du jetage et parfois aussi dans les urines, dans les excréments, le lait, etc. Ce microbe résiste un certain temps à la putréfaction et à la dessiccation; il se conserve dans le sol et à la surface des objets sur lesquels il se trouve déposé.

La tuberculose peut se transmettre par hérédité, mais principalement par le contact ou par inoculation accidentelle. Dans la majorité des cas, l'infection a lieu par les voies digestives ou respiratoires.

L'hérédité de la phtisie a été démontrée chez l'homme et chez les animaux; des deux ascendants c'est la mère qui joue le plus grand rôle dans la transmission de la maladie. La cohabitation favorise la contagion par le contact, mais ce mode de contamination est rare chez nos animaux domestiques. Il en est de même de l'inoculation accidentelle observée quelquefois sur des personnes qui s'étaient blessées avec des objets souillés. Au contraire, les cas d'infection par les voies digestives sont fréquents. Les grands ruminants contractent souvent la phtisie en mangeant avec des malades. On a vu des veaux à la mamelle se tuberculiser avec le lait, et l'on a cité des porcs qui s'étaient contaminés par l'ingestion de viandes tuberculeuses; de leur côté le chien, le chat et les volailles sont souvent frappés pour avoir mangé des crachats, des matières vomies ou sucées par des poitrinaires.

L'homme peut s'infecter en ingérant des aliments tels que viande ou lait crus ou insuffisamment chauffés; mais ce qu'il faut redouter par-dessus tout, c'est la contagion par les crachats des malades, les produits de l'expectoration rendant possibles tous les modes de transmission.

Quant à l'infection par les voies respiratoires, elle se fait par la conservation des germes tuberculeux en suspension dans l'air sous forme de poussières.

La tuberculose est une maladie ordinairement incurable qu'il n'y a pas lieu de traiter chez nos animaux. Ceux-ci devront être livrés de bonne heure à la boucherie avant que les lésions produites entraînent la saisie de la viande; mais pour agir ainsi, il faut de toute nécessité reconnaître la maladie; or, si dans beaucoup de circonstances il est difficile, sinon impossible de se prononcer d'après le seul examen de l'animal, on peut arriver à ce résultat au moyen de la *tuberculine*.

Injectée à dose convenable, la tuberculine provoque chez les bêtes tuberculeuses une élévation de température, une fièvre passagère qui ne se produit jamais chez les individus sains.

Le fait de pouvoir déceler la phtisie, même à sa période de début, est très important; il permet d'envoyer à l'abattoir, en temps utile, un certain nombre de sujets qui auraient pu être saisis s'ils eussent été sacrifiés à une époque ultérieure; en même temps il supprime des foyers d'infection.

Au point de vue économique comme au point de vue de l'hygiène, il y a donc intérêt à tuberculiner les animaux suspects. En outre, d'après la loi du 31 juillet 1895, la tuberculose entraîne la nullité de la vente [1] et, dans la pratique, il faudra souvent recourir à la méthode d'investigation dont il s'agit pour tracer à l'acheteur sa ligne de conduite.

Toutes les maladies que nous venons de passer en revue réclament des mesures de police sanitaire dont les principales sont : la déclaration [2], l'isolement, la séquestration, l'abatage (morve et farcin), l'enfouissement et la désinfection.

---

1. La vente est nulle de droit, que le vendeur ait connu ou ignoré l'existence de la maladie dont son animal était atteint ou suspect. Le délai pour réclamer est de quarante-cinq jours; mais, si l'animal a été abattu, le délai est réduit à dix jours à partir du jour de l'abatage, sans que toutefois l'action puisse jamais être introduite après l'expiration du délai de quarante-cinq jours (extrait de la loi).

2. D'après la loi du 21 juillet 1881, tout propriétaire d'un animal atteint ou soupçonné d'être atteint d'une maladie contagieuse est tenu d'en faire sur-le-champ la déclaration au maire de la commune où se trouve cet animal, et cela sous peine d'un emprisonnement de six jours à deux mois et d'une amende de 16 à 400 francs.

ALIMENTATION

Composition des rations.

« La nourriture des animaux, comme celle de l'homme, a pour but de fournir : 1° les matériaux indispensables à l'accroissement, à l'entretien, à la réfection des tissus ; 2° le combustible nécessaire à la production de la chaleur animale et du travail. Les aliments du bétail, comme les nôtres, devront donc contenir : des substances azotées, telles que l'albumine, des substances hydrocarbonées, telles que la cellulose, la fécule, le sucre ; en outre, un peu de graisse.

« On estime que la moitié environ de ces matières nutritives passe dans le sang ; le reste passe aux déjections. » (R. LEBLANC.— *Sciences physiques appliquées à l'agriculture.*)

Les fourrages et autres aliments donnés au bétail comprennent :

1° Des matières azotées, des matières hydrocarbonées et des matières grasses *digestibles ;*

2° Les mêmes matières *non digestibles ;*

3° De l'eau et des matières minérales.

On a établi, pour les diverses espèces animales, la quantité de matières digestibles qui doivent entrer dans la ration journalière : ce calcul des rations, dont les éléments sont fournis dans les deux tableaux ci-après, permet au cultivateur de donner au bétail une nourriture convenable et suffisante.

De nombreuses expériences, très précises, ont été faites pour rechercher la meilleure composition à donner à cette ration ; on a trouvé qu'elle doit répondre à certaines conditions dont voici les principales :

1° *La ration doit renfermer des quantités déterminées de matières digestibles (azotées, hydrocarbonées et grasses) qui varient avec l'espèce animale, l'âge, l'état au point de vue de la production, mais qui sont proportionnelles au poids de l'animal vivant.*

Les chiffres du tableau II indiquent des quantités pour un poids vivant de 1 000 kilogrammes.

2° *La ration doit présenter un volume en rapport avec l'appareil digestif qui demande, pour fonctionner normalement, d'être convenablement rempli, sans subir de dilatation ou de contraction exagérée.*

Pour fournir, par exemple, 2 kilogrammes de matières azotées au moyen de sainfoin en herbe, il faut (tableau I) 100 kilogrammes de matières premières ; il en faudrait moins de 10 kilogrammes si le sainfoin vert était remplacé par des pois secs, en grains. Dans le premier cas, la ration totale nécessaire pour fournir l'azote exigé occuperait un volume trop considérable ; dans le second, un volume trop petit. En pratique, on prend une moyenne en mélangeant les *aliments trop aqueux* aux *aliments concentrés.*

3° *Il doit exister, entre le poids des matières azotées ou aliments plastiques et celui des aliments respiratoires (hydrocarbonés et gras), un rapport déterminé qui présente les conditions les plus avantageuses pour l'alimentation du bétail.*

Ce rapport est indiqué dans la dernière colonne du tableau II pour les rations de chaque espèce animale, et dans le tableau I pour chaque espèce d'aliment ;

I. — Alimentation du Bétail.

Composition moyenne pour 100 des principaux aliments.

DÉSIGNATION DES ALIMENTS.	EAU.	ÉLÉMENTS DIGESTIBLES			RAPPORT NUTRITIF.
		Azotés.	Hydrocarb.	Gras.	
Foin de qualité :					1 :
Inférieure	14	4	35	0,5	10
Moyenne.	15	5	40	1 »	8
Supérieure.	16	9	43	1,5	5
Trèfle	16	7	38	1,5	6
Luzerne	16	10	30	1 »	3
Sainfoin	16	7	35	1,5	5
Paille	14	1	35	0,5	46
Fourrage vert :					
Foin.	70	2	14	0,5	8
Trèfle	80	2	8	0,5	4
Luzerne	75	3	8	0,3	3
Sainfoin	80	2	7	0,3	3
Sarrasin	85	1	7	0,4	5
Pois, etc.	80	2	7	0,3	4
Pomme de terre	76	2	19	0,2	10
Topinambour.	80	2	16	0,2	9
Betterave fourragère . . .	87	1	10	0,1	9
— à sucre.	80	1	17	0,1	17
Carotte.	86	1	10	0,2	9
Navet	86	1	7	0,1	8
Grains :					
Blé	14	12	64	1,2	6
Seigle	14	10	65	1,6	7
Orge.	14	8	57	2,3	7
Avoine.	12	8	45	4,3	7
Maïs.	13	8	63	4 »	9
Sarrasin	14	7	47	1,2	7
Pois, etc.	14	22	50	1,5	3
Pulpes de sucrerie	80	1	15	0,2	17
Drèche de brasser. fraîche	76	3	9	1,3	4
— sèche .	10	13	35	6,1	4
Son de blé.	13	10	45	2,4	5
Tourteau de colza. . . .	10	25	24	7,6	2
Lait écrémé	90	3	5	0,7	2
Petit-lait.	93	1	5	0,1	6

Nota.— Pour chaque aliment, le total des quatre premières colonnes retranché de 100 donne la somme des matières organiques (azotées et hydrocarbonées) qui échappent à la digestion, plus les matières minérales ou cendres. Les chiffres de la dernière colonne, dans les deux tableaux, sont les dénominateurs d'une fraction ayant pour numérateur 1 et représentant le rapport entre les éléments plastiques et les éléments respiratoires digestibles. Ne pas confondre le *rapport nutritif* avec la *puissance nutritive.*

II. — Rations normales par jour.

Calculées sur 1 000 kilogrammes de poids vivant.

ESPÈCE ANIMALE.	Poids total de mat. org.	ÉLÉMENTS DIGESTIBLES			RAPPORT NUTRITIF.
		Azotés.	Hydrocarb.	Gras.	
Cheval.					1 :
Pour un travail :					
Modéré	20	1,4	9	0,3	7,0
Moyen.	21	1,6	10	0,5	7,0
Fort	23	2,5	12	0,7	5,5
Espèce bovine.					
En croissance :					
6 mois	23	3,2	14	1,0	5,0
1 an.	24	2,5	13	0,6	6,0
18 mois	24	2,0	13	0,4	7,0
2 ans	24	1,6	12	0,3	8,0
Age adulte :					
Au repos.	17	0,7	8	0,2	12,0
Travail moyen	24	1,6	11	0,3	7,5
Travail fort.	26	2,4	13	0,5	6,0
A l'engrais : 1re période .	27	2,5	15	0,7	6,5
— 2e période .	26	3,0	15	0,6	5,5
— 3e période .	25	2,7	15	0,5	6,0
Vache laitière	24	2,5	12	0,4	5,0
Espèce ovine.					
En croissance :					
6 mois	28	3,2	15	8,0	5,5
1 an	23	2,1	11	0,5	6,0
18 mois	22	1,4	10	0,3	8,0
Moutons :					
A laine.	21	1,3	11	0,2	9,0
A l'engrais :					
— 1re période. . .	26	3,0	15	0,5	5,5
— 2e période. . .	25	3,5	14	0,6	4,5
Espèce porcine.					
En croissance :					
3 mois.	42	7,5	30		4,0
6 mois.	31	4,3	24		5,5
1 an.	21	2,5	16		6,5
A l'engrais : 1re période .	36	5,0	27		5,5
— 2e période .	31	4,0	24		6,0
— 3e période .	23	2,7	17		6,5

Nota. — Les chiffres de la première colonne indiquent le poids total des matières azotées, hydrocarbonées et grasses, l'eau non comprise ; la somme des éléments digestibles forme à peu près la moitié de ce total.

on l'appelle **rapport nutritif** ou **relation nutritive**, ce qui signifie exactement *rapport entre les aliments nutritifs*, plastiques et respiratoires.

Il est bon de faire remarquer que le chiffre marquant ce rapport n'est que le
dénominateur d'une fraction dont le numérateur marqué en haut de la colonne (1 :) est l'unité. Exemple : le premier chiffre du tableau II est 7,0 ; cela
veut dire que le rapport nutritif est 1/7, en d'autres termes que pour 1 de matières azotées, il en faut 7 d'hydrocarbonées pour que la digestion se fasse
normalement.

Calcul des rations.

C'est une opération assez simple, facile si l'on comprend les indications fournies par les tableaux des pages précédentes, et doublement avantageuse : elle
renseigne sur les moyens de donner au bétail la nourriture qui lui convient le
mieux pour le maintenir en bon état ; elle permet en outre de faire des écono-
mies en évitant le gaspillage. Combien de fois est-il arrivé à un cultivateur de
donner le fourrage à profusion au commencement de l'hiver, sans profit réel
pour les animaux, et d'être obligé, avant le printemps, d'acheter du foin fort
cher, ou de vendre très bon marché une partie de son bétail !

C'est un travail rémunérateur, surtout en hiver, que de préparer les rations
du bétail. Le mot ration paraît entraîner avec lui une idée de privation et,
dans la petite culture, ni le mot ni la chose ne sont en faveur ; c'est un pré-
jugé qu'il faut combattre.

Il est bon de remarquer que les chiffres donnés par les résultats d'analyses
inscrits dans les tableaux I et II ne sont que des moyennes et ne permettent
qu'une évaluation approximative ; celle-ci peut être prise cependant comme un
point de départ qu'il y aura lieu de diminuer ou d'augmenter, selon les indications que fournira toujours une pratique intelligente.

PROBLÈME : La Compagnie des Petites Voitures à Paris donne à un cheval de
400 kilogrammes, pour un travail moyen, une ration journalière dont voici la
composition : 1 kg. 500 de foin, 1 kilogramme de paille ; 3 kilogrammes d'avoine,
2 kg. 500 de maïs et 500 grammes de féveroles. Vérifier si les éléments digestibles sont en défaut ou en excès et de combien.

On sait que la ration normale, dans les conditions indiquées, pour 1 000 kilogrammes de poids vivant de l'animal, doit être en éléments digestibles de :
1 kg. 6 de matières azotées, 10 kilogrammes de matières hydrocarbonées, et
1/2 kilogramme de corps gras.

On connaît, en outre, d'après les tableaux d'analyse, la composition, en éléments digestibles, des aliments entrant dans la ration.

SOLUTION. — Le calcul des éléments digestibles contenus dans la ration indiquée s'établit ainsi :

	AZOTÉS.	HYDROCARB.	GRAS.
1 500 grammes foin.	75 gr.	600 gr.	15 gr.
1 000 — paille.	10	350	5
3 000 — avoine.	240	1 350	129
500 — féverole.	110	250	7,5
2 500 — maïs	200	1 575	100
La ration totale renferme.	635	4 125	256,5
Le calcul donne pour la ration norm.	640	4 000	200
La différence est donc	— 5 gr.	+ 125 gr.	+ 56,5

TABLE DES MATIÈRES

SECONDE PARTIE — ACCIDENTS ET MALADIES

APPENDICE. — MALADIES CONTAGIEUSES

ALIMENTATION

Paris. — Imprimerie LAROUSSE, rue Montparnasse, 17.

BIBLIOTHÈQUE RURALE

ARBORICULTURE PRATIQUE

Par L.-J. TRONCET et E. DELIÈGE

Reproduction. — Formes. — Tailles. — Entre-
tien. — Cueillette et conservation des fruits. —
Treilles. — Poirier. — Pommier. — Cognassier.
— Pêcher. — Abricotier. — Amandier. — Prunier.
— Cerisier. — Figuier. — Oranger. — Olivier. —
Châtaignier. — Noyer. — Framboisier. — Gro-
seillier. — Noisetier. — Néflier.

Ouvrage illustré de 190 gravures,

broché, 2 francs.

Taille trigemme.
Les deux bourgeons in-
férieurs se transfor-
ment en dards et le
supérieur en rameau.

APICULTURE MODERNE

Par A.-L. CLÉMENT

Le rôle des abeilles. — Le mobi-
lisme. — La ruche, les cadres, le
rucher. — Divers types de ruches. —
Conduite du rucher. — Les maladies
et les ennemis des abeilles. — Utilisation du miel et de la cire.

Cet ouvrage a été couronné
ar la Société nationale d'Agriculture
et honoré de trois médailles d'argent.

3e édition refondue et augmentée.
Volume illustré de 130 figures,
broché, 2 fr.

Abeille récoltant le pollen dans une
fleur de coquelicot.
Abeille emportant des pelotes
de pollen.

Envoi franco *au reçu d'un mandat-poste.*

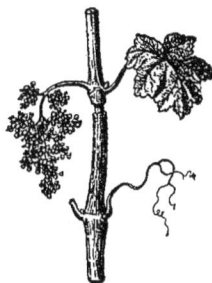

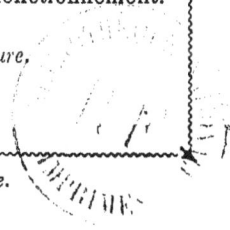

Bibliothèque
Rurale